图解四季经典童装 100 款

王　静　于素利　曹叶青　主编

任景玲　王茹洁　刘　括　徐辰阳　副主编

中国轻工业出版社

图书在版编目（CIP）数据

图解四季经典童装100款 / 王静，于素利，曹叶青主编；任景玲等副主编. —北京：中国轻工业出版社，2023.1

ISBN 978-7-5184-4119-8

I. ①图… II. ①王… ②于… ③曹… ④任…
III. ①童服—设计—图解 IV. ①TS941.716.1-64

中国版本图书馆 CIP 数据核字（2022）第 160209 号

责任编辑：徐 琪　　责任终审：李建华　　整体设计：锋尚设计
策划编辑：毛旭林　　责任校对：朱燕春　　责任监印：张京华

出版发行：中国轻工业出版社（北京东长安街6号，邮编：100740）

印　　刷：艺堂印刷（天津）有限公司

经　　销：各地新华书店

版　　次：2023年1月第1版第1次印刷

开　　本：870×1140　1/16　印张：13

字　　数：100千字

书　　号：ISBN 978-7-5184-4119-8　定价：49.80元

邮购电话：010-65241695

发行电话：010-85119835　传真：85113293

网　　址：http://www.chlip.com.cn

Email：club@chlip.com.cn

如发现图书残缺请与我社邮购联系调换

220550W5X101ZBW

前 言

　　随着经济的发展和消费观念的变化，童装设计越来越向时尚化、风格化、个性化方向发展，从款式、结构、工艺、面料、细节等方面都注入了新的设计元素。为了适应童装的发展需要和消费者对童装多样化的消费需求，本书在遵循童装实用性、舒适性的服用基础上，根据儿童的身体结构和运动特征，立足童装结构设计的新思路和实际需求，将结构理论和审美设计相结合，利用童装结构的专业知识和设计美学理论，以尊重儿童、引导儿童审美、保护儿童健康为目的，结合流行趋势，对100款经典和时尚童装进行结构样板设计，款式涵盖男女童春夏秋冬四季常见的上衣、裤子、连衣裙、外套、家居服等多个品类。

　　本书将每款童装配以着装效果图与结构图，并对款式进行详细说明，能让读者清晰直观地了解不同款式童装的平面结构，图文并茂，便于学习，是服装专业人员提高童装制版技术的专业书籍，同时也为广大服装设计爱好者设计制作优质童装提供很好的参考。

编者

目 录

秋冬篇

童装尺码参考表

分类	年龄（岁）	身高（cm）
婴儿	0~1	80及以下
小童	2	81~90
小童	3	90~100
小童	3~4	100~105
中童	4~5	105~110
中童	5~6	110~115
中童	6~7	115~120
中童	7~8	120~125
中童	8~9	125~130
大童	9~10	130~135
大童	10~11	135~140
大童	11~12	140~145
大童	12~	>145

春夏篇

01 女小童海军领低腰连衣裙

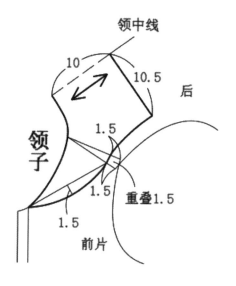

领中线

10

10.5

后

领子

1.5

1.5

重叠1.5

1.5

前片

设计要点

海军领设计，装扣子，装饰袖，前中腰围线以上装门襟贴边并锁眼钉扣，装四粒扣，侧面装斜插袋，腰部以下收细裥，裙身外放，后中不断开，裙身整体宽松。建议选用舒适透气的纯棉、绵绸料制作，海军领的颜色应与衣身颜色有所区分。制作时需注意收裥均匀，袖口圆顺平滑，整体造型美观，适宜年龄2~3岁、身高90cm~100cm的女童。

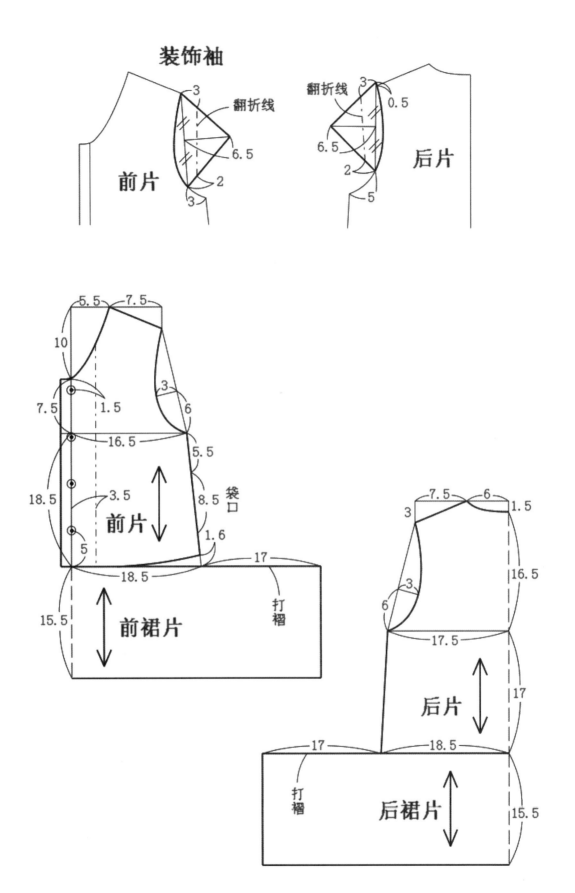

装饰袖

翻折线

3

6.5

2

前片

3

翻折线

3

0.5

6.5

2

5

后片

5.5 7.5

10

7.5

1.5

16.5

3.5

18.5

5

3

6

5.5

8.5 袋口

1.6

前片

18.5

17

15.5

前裙片

打褶

7.5 6

3

1.5

16.5

3

6

17.5

后片

17

17

18.5

打褶

后裙片

15.5

02 女小童娃娃领系带连衣裙

设计要点

　　这是一款非常活泼可爱的春夏款连身裙，装圆形娃娃领、泡泡袖，袖口打褶收小，装包扣，并有小开衩，腰部打断，前片收腰省，省处装有腰带，腰带系好能打一个蝴蝶结，后片后中装隐形拉链，下身裙子打褶，右侧缝处装内置插袋，也可在胸前加装饰贴绣。建议选用穿着舒适、透气亲肤的纯色纯棉、精梳棉面料，领子建议使用白色系，装斜丝包边条。制作时需注意领口斜丝勿拉扯，腰部、袖山、袖口处抽褶均匀自然。适用于年龄2~3岁、身高90cm~100cm的女童。

裙带（2根）

1.5
1
1.5
60
2
明线缉边

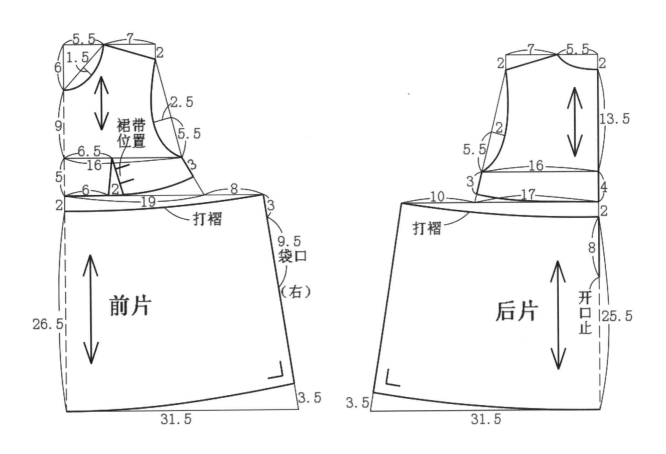

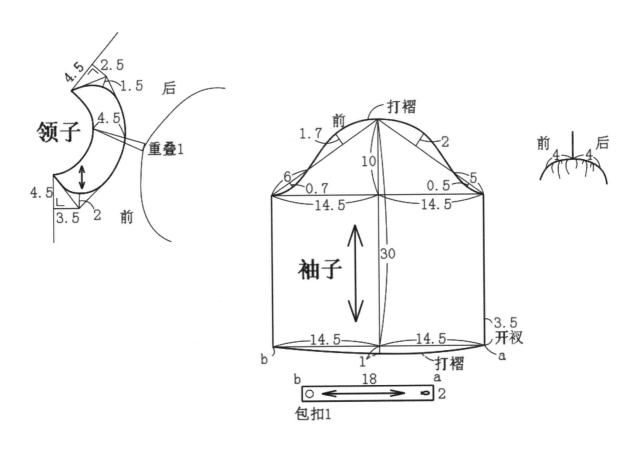

03 女小童分割无袖连衣裙

设计要点

　　这是一款连衣裙，U形无领、无袖，有宽大的背带，可以和各种衬衫、T恤搭配穿着，分割的款式设计，使裙子的外形更好看，同时也增加了活动量。衣身前中不断开，两侧有分割线，后中断开装拉链，分割线处装对称单嵌条挖袋，美观又实用。建议选用条纹或格子纯棉、薄款棉麻混纺面料。制作时需注意各部位缉线顺直平滑，分割线对称美观，单嵌条挖袋勿毛边，拉链平服。适用于年龄2~3岁、身高85cm~90cm的女童。

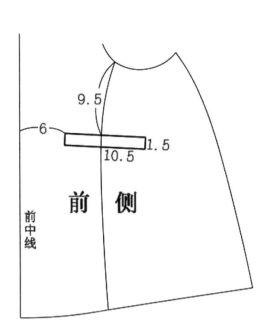

9.5

6
10.5　1.5

前中线

前　侧

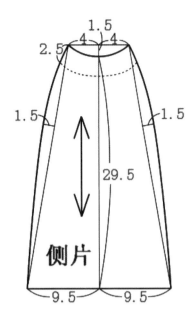

1.5
4　4
2.5
1.5　1.5
29.5

侧片

9.5　9.5

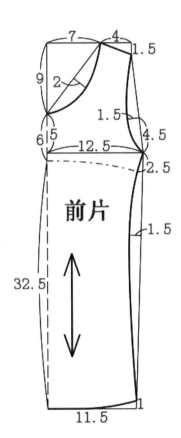

7　4　1.5
9　2
1.5
6　5　4.5
12.5
2.5

前片

1.5

32.5

11.5

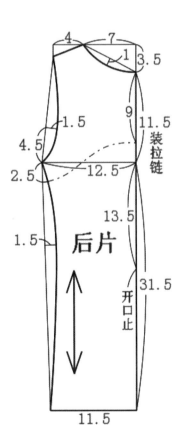

4　7　1　3.5
9　11.5
装拉链
1.5
4.5
2.5　12.5
13.5
1.5
后片
31.5
开口止

11.5

04 小童宽松挖袋裙裤

设计要点

　　宽松式裙裤设计，腰部采用松紧带调节大小，前片装有两个斜挖袋，后片对称装两个贴袋，腰部有串带袢设计，可搭配腰带穿着，此款男女童都可穿着，宽松裙裤是儿童在出去游玩时必不可少的服装款式之一。建议选用纯色斜纹布、丝光棉面料。制作时需注意弧形挖袋大小、高低一致，袋布不能外漏，贴袋造型美观，松紧带松紧适宜，串带袢位置正确。适用于年龄2~3岁、身高85cm~90cm的小童。

口袋

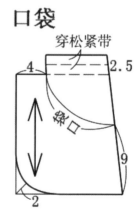

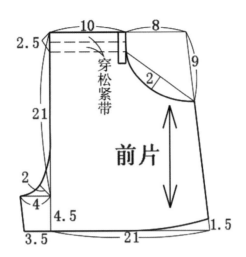

前片

10   8

2.5

穿松紧带

9

2

21

2

4   4.5

3.5   21   1.5

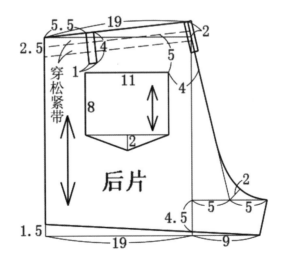

5.5   19   2

2.5

穿松紧带

4

1

5

11

4

8

2

后片

2

5   5

4.5

1.5   19   9

05 女小童无袖拉链连体裤

设计要点

V形翻领，前中拉链设计便于穿脱，前胸和后腰横向断开，分割处以下打褶，后片臀围处有弧形分割线，裤口至大腿位置，裤口穿松紧带调节，前片右有贴袋，左有挖袋，整体宽松舒适。建议选用手感柔软、舒适透气的浅色或牛仔色针织、纯棉面料。制作时需注意前胸后背收褶均匀美观，领口服帖，拉链缝制顺直平整，后片分割曲线处缝制时勿拉扯。适用于年龄2~3岁、身高90cm~95cm的女童。

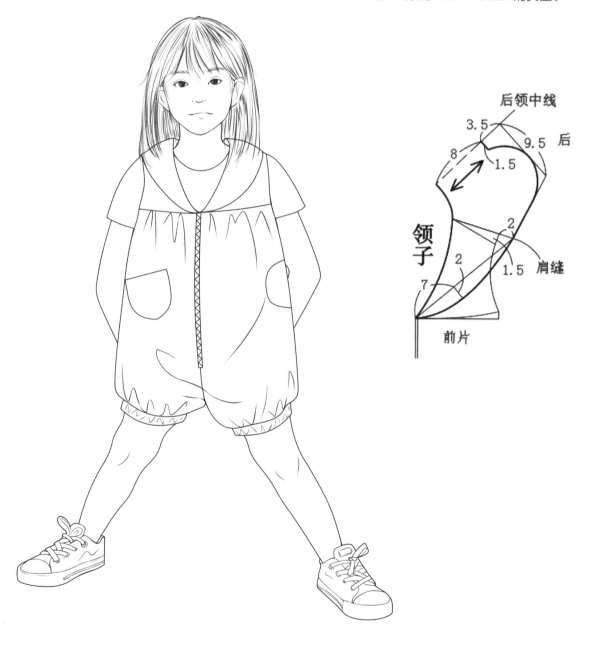

尾饰

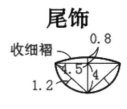

收细褶 0.8
4.5 4
1.2

左袋

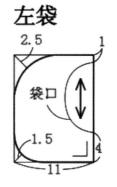

2.5 1
袋口
1.5 4
11

右袋

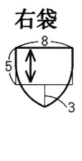

8
5
3

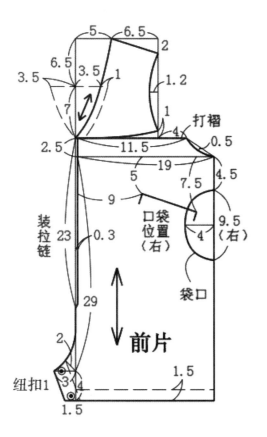

5 6.5 2
6.5 3.5 1 1.2
3.5
7 1
打褶 4
2.5 11.5 0.5
19
5 7.5 4.5
9
口袋位置（右） 9.5（右）
4
袋口
装拉链 23 0.3
29
前片
2
纽扣1 3 4 1.5
1.5

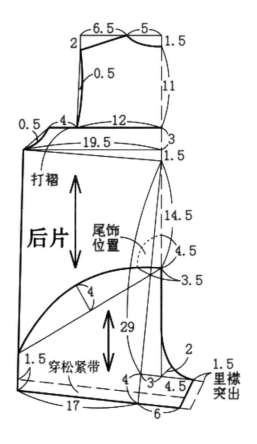

6.5 5 1.5
2
0.5
11
0.5 4 12
19.5 3
1.5
打褶 14.5
后片 尾饰位置 4.5
3.5
4
29
1.5 穿松紧带 2
4 3 4.5 1.5里襟突出
17 6

06 女小童方袒领 长袖连衣裙

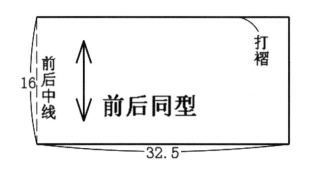

打褶

前后中线

16

前后同型

32.5

设计要点

方形袒领，后开身设计，后中装拉链，后腰配装饰蝴蝶结，宽松长袖，袖山打褶，袖口穿松紧带，采用低腰设计，裙腰断开，腰部收细褶。这是一款简单实用的连身裙，可在袒领前中绣装饰图案。可选用质感轻柔、亲肤透气的棉绒布或者纯棉面料，可选用白色领子，袖子面料可选用有别于衣身的雪纺、欧根纱面料。制作时需注意各部位缉线顺直平滑，腰部收细褶均匀美观，领口圆顺服帖。适用于年龄2~3岁、身高90cm~95cm的女童。

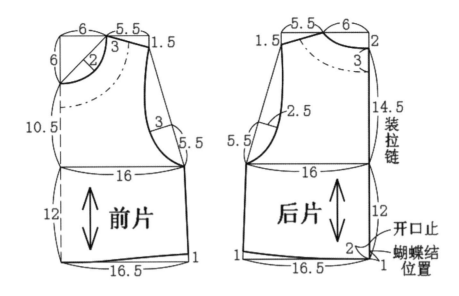

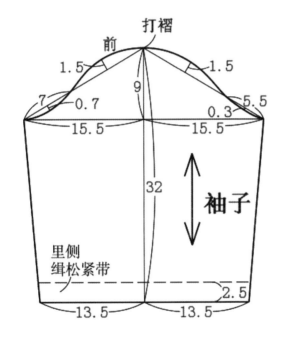

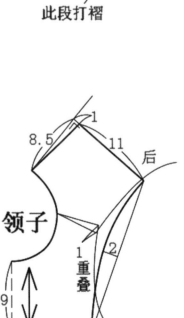

07 女小童复古花边洛丽塔礼服

设计要点

　　这是一款古典贵气的小礼服，礼服分为外罩裙和内穿连身裙两部分，罩裙无袖无领，袖窿装饰花边，腰部断开，细腰头环腰一周，裙身打褶，裙摆缉缝缎带，下缝花边；内穿连身裙为圆领、圆装宽松长袖，袖口穿松紧带、缝花边，衣身前中不断开，领周缝宽花边，腰部断开，裙身打褶，下缝花边，后片后中断开装拉链，裙片同前，腰部配有腰带、装荷叶花边。建议内穿连身裙选用深色天鹅绒、丝绒面料，外罩裙选用白色纯棉面料，建议选用白色花边、缎带。需注意各部件制作顺序不能错乱，领口平滑服帖，各部位缉线顺直流畅，缎带宽窄一致，打褶美观均匀，松紧带松紧适宜。适用于年龄2~3岁、身高90cm~95cm的女童。

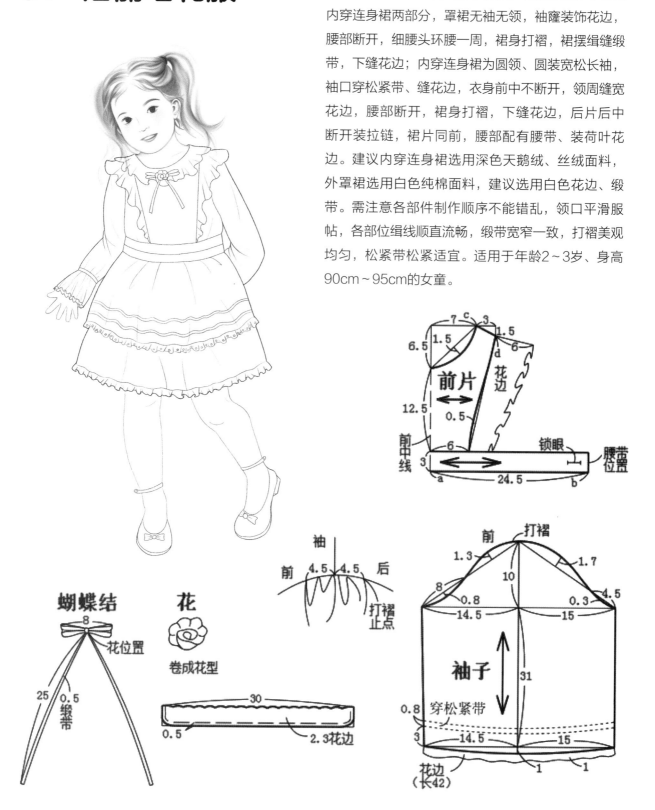

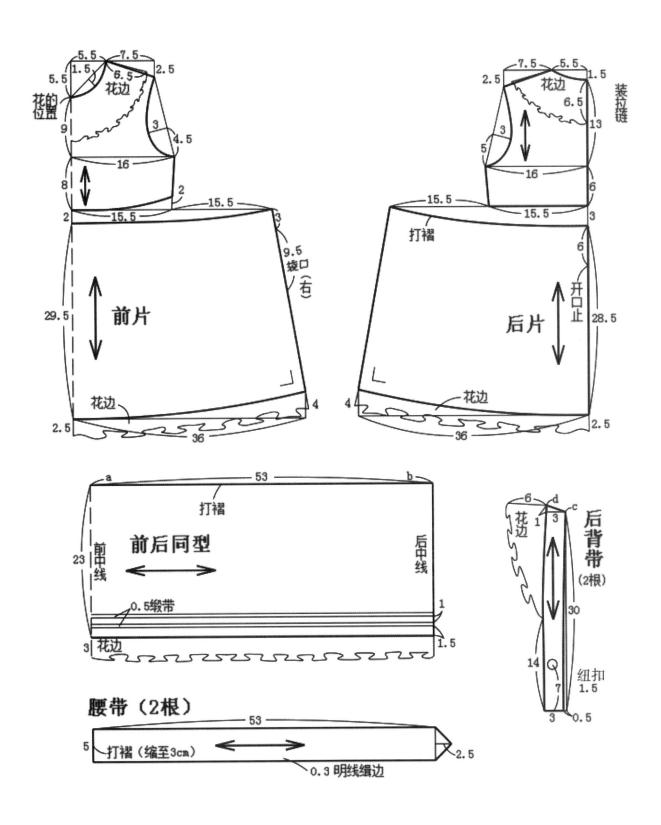

08 女小童无领后开马甲连衣裙

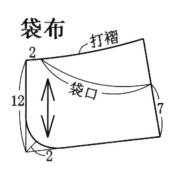

袋布

打褶

2

袋口

12

7

2

设计要点

　　无领、无袖设计，前后片腰部断开，前片腰节以下装有弧形挖袋两只，后中分开并在衣身处装隐形拉链，裙片腰部打细褶，适合在春夏季搭配衬衫、薄款带帽卫衣穿着，上学、游玩都适宜。建议选用质地较薄的纯棉面料、涤棉混纺面料。制作时需注意收细褶，大小要均匀自然，隐形拉链不外漏、不起皱，各部位缉线顺直平滑，领口袖窿服帖不外吐。适用于年龄2~3岁、身高95cm~100cm的女童。

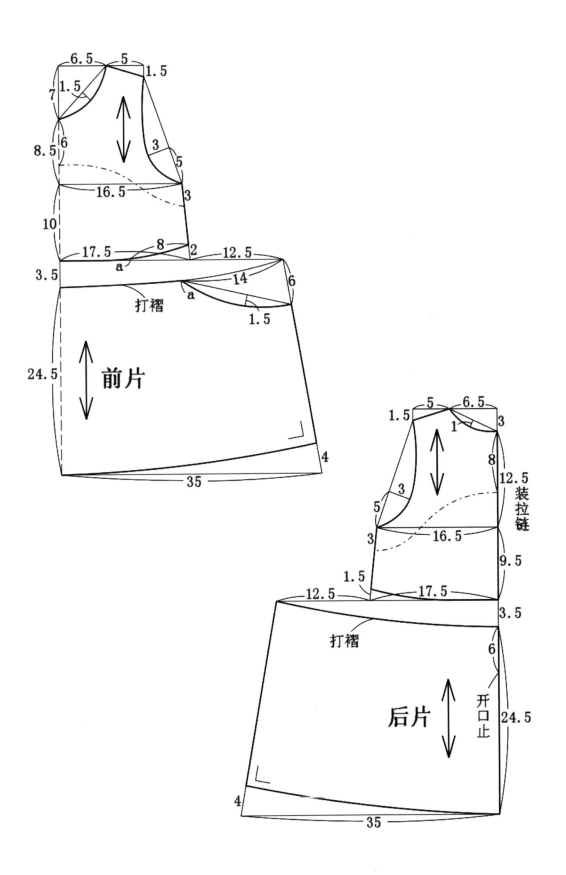

打褶

前片

打褶

后片

装拉链

开口止

09 女小童休闲马甲连衣裙

设计要点

　　圆形无领、无袖，前片前中不断开、腰节断开，肩部、腰部、口袋处均装纽扣、锁扣眼，后中不断开，裙前片左右装一个弧线挖袋，裙片后中纵向分割，左右各装饰一个贴袋、腰部收细褶，简单的廓形特别适合春夏季节，轻便休闲，比较适合爱运动的女孩子。建议选用耐磨抗皱的涤棉混纺、劳动布面料。制作时需注意钉扣位置准确对称，据中线5cm处打褶，收细褶，均匀美观、对称适宜，袋口圆顺，里布不外吐，贴袋高低一致，下摆圆顺自然。适用于年龄2～3岁、身高95cm～100cm的女童。

门襟

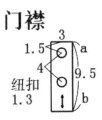

袋布

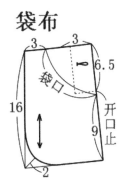

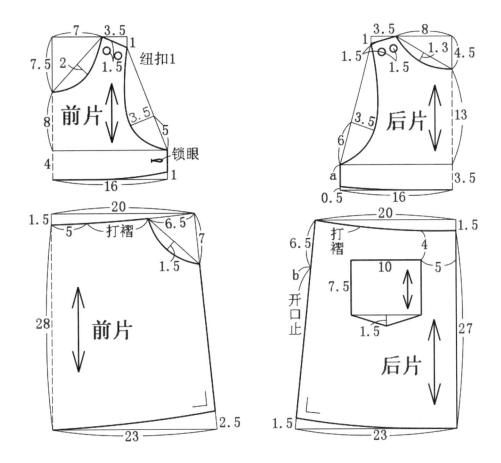

10 女小童方袒领长袖花边短裙套装

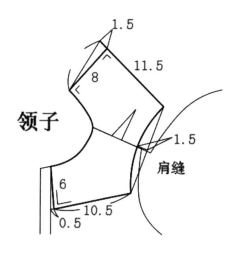

领子

1.5

8

11.5

1.5

肩缝

6

10.5

0.5

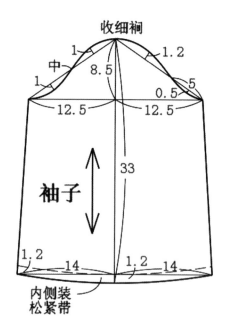

收细裥

1

中

8.5

1.2

1

0.5

5

12.5

12.5

33

袖子

1.2

14

1.2

14

内侧装
松紧带

设计要点

上衣片采用方形袒领设计，前门襟五粒扣、合体圆装袖、袖口装松紧带，后片不分割，下摆装有装饰性花边，下身为短裙，腰头装松紧带，裙两边装有装饰性蝴蝶结和尼龙花边。建议面料选用纯棉质地的印花面料，呵护儿童皮肤。制作时需注意松紧带的松紧适宜，花边造型美观。适用于年龄2～3岁、身高95cm～105cm的女童。

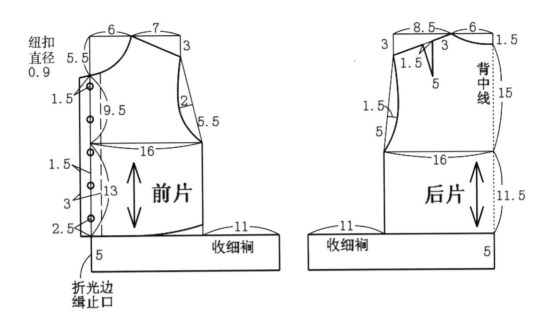

纽扣
直径
0.9

5.5

1.5

9.5

1.5

3 13

2.5

6 7

3

2 5.5

16

前片

11 收细裥

5

折光边
缉止口

8.5 6

1.5

3 3

1.5

5

背中线

15

1.5

5

16

后片

11.5

收细裥 11

5

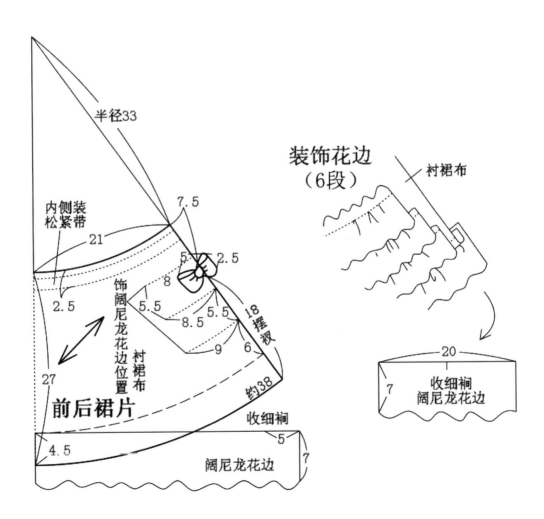

半径33

内侧装
松紧带

21

2.5

7.5

5.5 2.5

8

5.5 5.5

8.5 6

9

18 摆裥

饰阔尼龙花边位置

衬裙布

27

前后裙片

约38

收细裥

5

4.5

阔尼龙花边

7

**装饰花边
（6段）**

衬裙布

20

收细裥
阔尼龙花边

7

11 女小童无袖拼接中腰裙

设计要点

上衣片无袖、腰部断开，前片胸前进行分割拼接，装门襟贴边并锁眼钉扣，后中不分开，背部有分割拼接，裙片收细裥，左右各装一个明贴袋，贴袋处用钉扣装饰。衣身面料建议选用粉红色棉布，拼接处使用方格棉布。制作时需注意拼接处用斜丝，贴袋位置正确，各缝线顺直，收裥均匀。适用于年龄3~4岁、身高100cm~105cm的女童。

贴袋 （里外两层布一起缝）

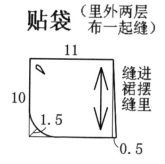

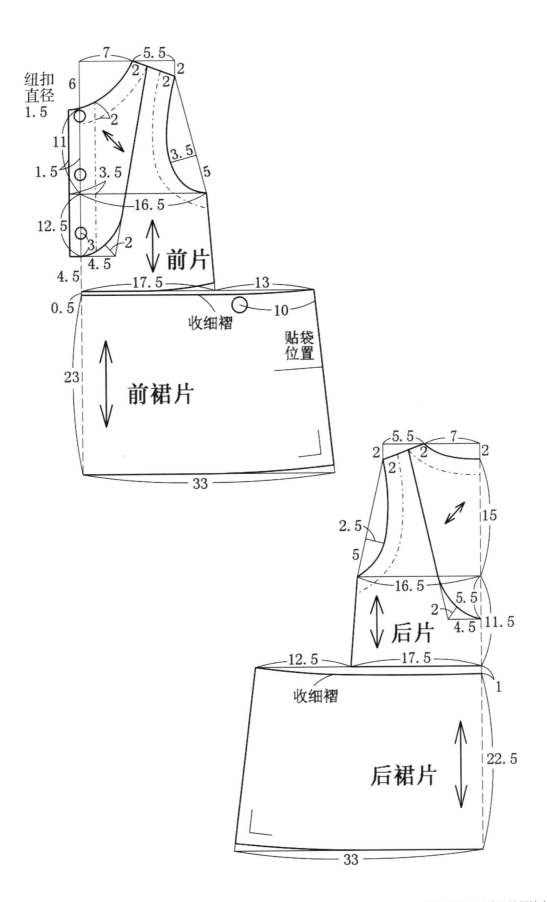

纽扣
直径
1.5

7 5.5
2 2 2
6
2
11
1.5 3.5
12.5
3 2
4.5
3.5
5
16.5
前片
2

4.5
0.5 17.5 13
收细褶 10
贴袋
位置
23 前裙片
33

5.5 7
2 2 2
2
2.5 15
5
16.5
2 5.5
4.5 后片 11.5
12.5 17.5
收细褶 1
后裙片 22.5
33

12 女小童肩开门中腰裙

设计要点

　　上衣片无领、无袖，前片肩部装纽扣，后片锁眼连接，裙身腰部收细裥，侧缝装拉链，背中不分开，裙摆贴数字图案装饰。建议使用混纺面料，如棉麻混纺面料、棉涤混纺面料等。制作时需注意裙摆上的数字图案边缘用锁边刺绣法，图案的大小间隙均匀，拉链平服，收裥均匀，钉扣的位置正确美观。适用于年龄3~4岁、身高100cm~105cm的女童。

裙摆上的数字图案

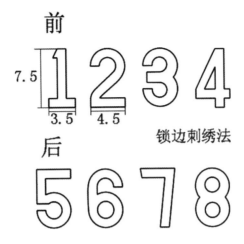

前

1 2 3 4

7.5 · 3.5 · 4.5

锁边刺绣法

后

5 6 7 8

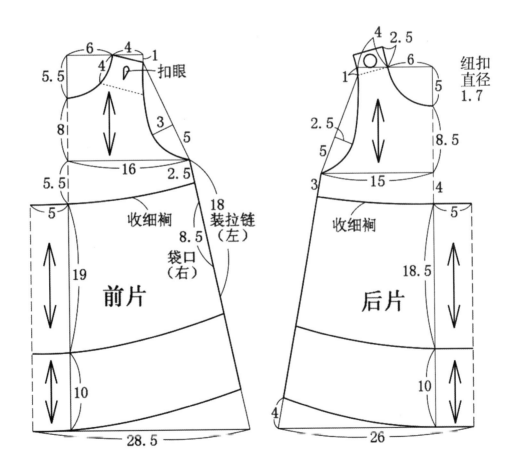

前片

- 6 · 4 · 1
- 5.5
- 4
- 扣眼
- 8
- 3
- 5
- 16
- 2.5
- 5.5
- 5
- 收细裥
- 18 装拉链（左）
- 8.5 袋口（右）
- 19
- 10
- 28.5

后片

- 4 · 2.5
- 6
- 纽扣直径 1.7
- 1
- 2.5
- 5
- 8.5
- 3
- 15
- 4
- 5
- 收细裥
- 18.5
- 10
- 4
- 26

13 女小童海军领 排扣连衣裙

设计要点

　　海军领的领形设计，上衣片无袖，衣身较宽松、腰节断开，裙片收细裥，前中开口装门襟贴边并锁眼钉扣，后中不断缝，前片有挖袋。建议选用舒适柔软蓝色纯棉布或格子水洗棉面料，领子用白涤棉布。制作时需注意裙片用斜丝，领子用横丝，门里襟服帖、顺直，袋口平整，明缉线宽窄一致，收裥均匀美观。适用于年龄3～4岁、身高100cm～105cm的女童。

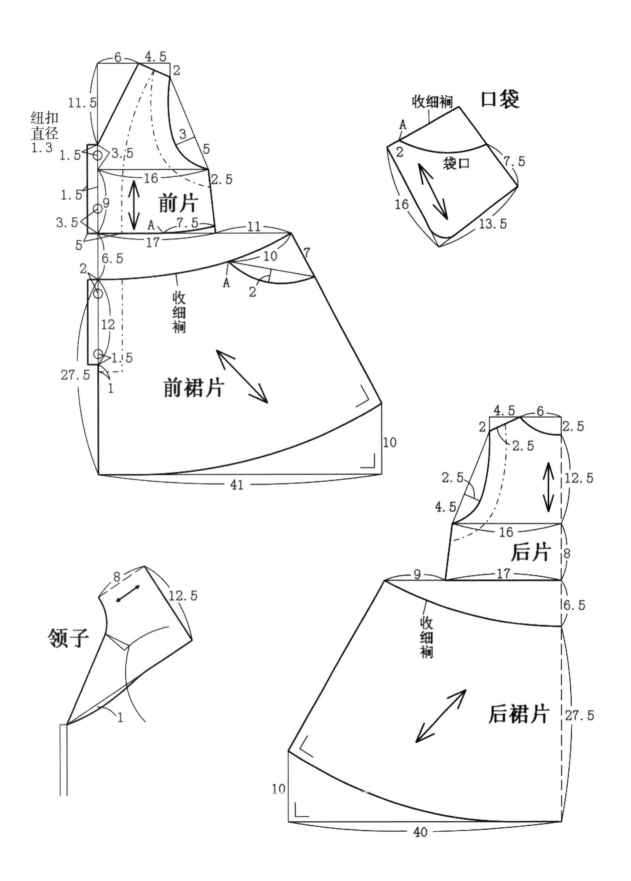

口袋

收细裆

袋口

前片

收细裆

前裙片

领子

后片

收细裆

后裙片

14 女小童分割马甲连衣裙

装饰盖

设计要点

　　这是一款深U形无领、无袖设计的马甲连身裙，简单的设计使马甲裙看起来落落大方，领口点缀着零碎的小花，还有波形的饰带都使服装看起来更生动；前片下裙身位置上有两个装饰袋盖，右侧可装斜插袋，前后片均收腋下省，下身八片分割斜丝裙片，整体为A型裙。建议选用印花图案的纯棉或灯芯绒面料来制作，袋盖可选择不同的面料拼接，在视觉上感觉服装与众不同。制作时需注意衣身各部位缝制时勿拉扯，分割线缉缝明线，袋盖左右对称，裙身分割顺直流畅，裙摆波浪自然美观。适用于年龄3~4岁、身高100cm~105cm的女童。

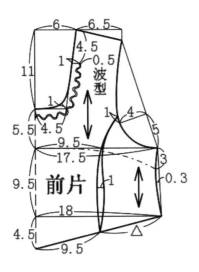

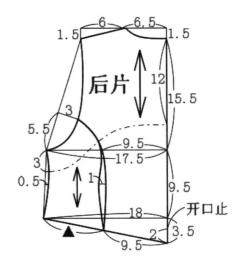

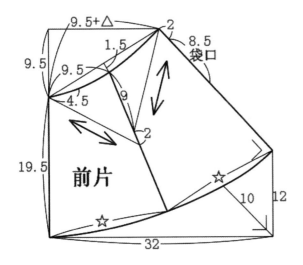

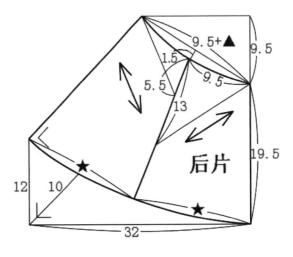

15 男小童高腰拼接背带裤

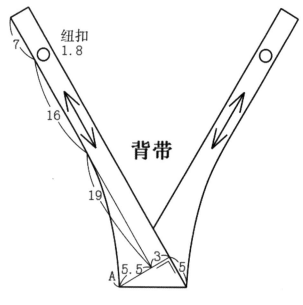

纽扣
1.8

7

16

背带

19

5.5   3   5
A

设计要点

　　宽腰头环腰一周，肩带连接后腰头，用简单的纽扣系结在胸前，裤子右侧可装饰颜色鲜艳的字母贴片，裤前片分割为三片，两分割线中间挖内插袋，腰部打褶，后片各缝制一个贴袋肩带的下方有两个口袋，裤内侧缝钉六粒扣，方便穿脱，整体似萝卜形，是一款款式简单、拼接经典的背带式七分裤。建议选用质地结实的牛津棉布或涤棉混纺面料。制作时需注意褶裥位置正确、均匀，贴袋位置对称，分割线裁剪流畅，后裆弯缝制时勿拉扯。适用于年龄2~3岁、身高85cm~90cm的男童。

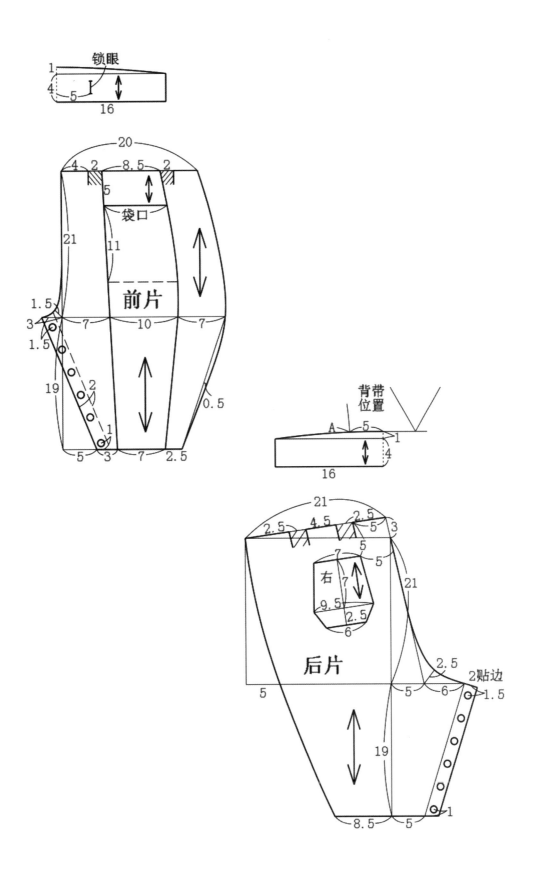

16 男小童海军领 中长裤套装

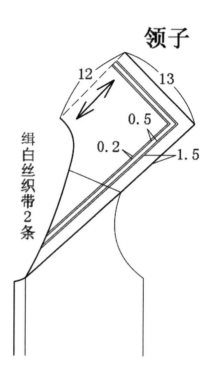

领子

12

13

0.5

0.2

1.5

缉白丝织带2条

设计要点

　　套装上衣领子为海军领，领口处系有蝴蝶结，后片有活胸省设计，袖口部位收细褶，并且装白丝织带作为装饰，上衣活褶处用纽扣进行固定，腰部在裤里侧根部用白丝带做暗纽袢，在后裤腰内部装松紧带。建议采用舒适透气的纯棉面料或涤棉混纺面料。制作时需注意领子、袖口处装饰织带缉线顺直，裤腰松紧带松紧适宜、美观。适用于年龄2~3岁、身高90cm~95cm的男童。

袖口边

3.5
缉白丝织带2条
16.5
0.2
0.5   2

前裤腰

15   扣眼
2.5   7.5   1

后裤腰

内穿松紧带
2   15   2.5

胸前装饰片

扣眼   9   扣眼
1.5
0.2   0.5
10.5

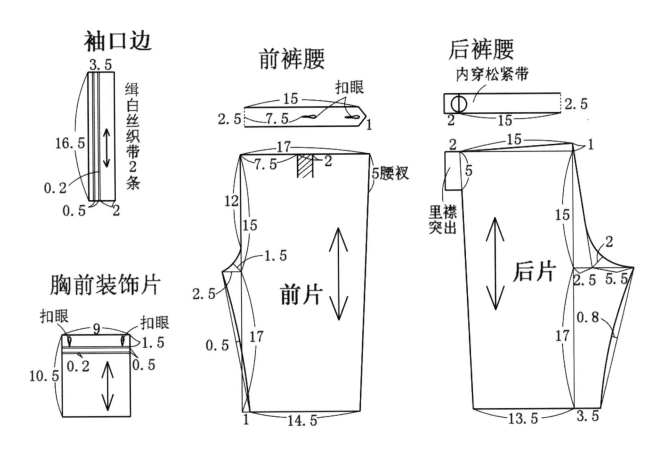

17
7.5   2
12
15
1.5
2.5
0.5   17
前片
5腰衩
1   14.5

2   15   1
5
里襟突出   15   2
后片   2.5   5.5
0.8
17
13.5   3.5

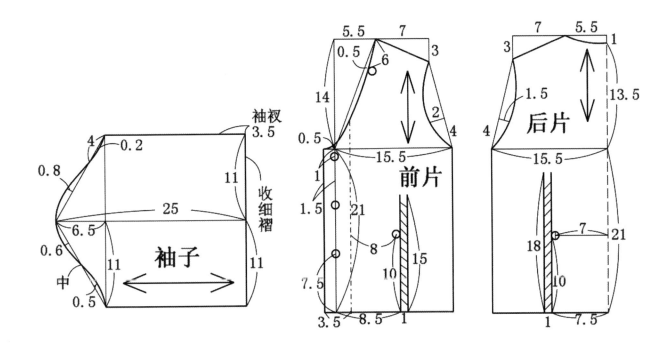

袖口边
3.5
4   0.2
0.8   11
25   收细褶
6.5
0.6
中   11   袖子   11
0.5

5.5   7
0.5   6
3
14
0.5   2
15.5   4
前片
1
1.5   21
8
7.5   10   15
3.5   8.5   1

7   5.5
3   1
1.5   13.5
4   后片
15.5
18   7   21
10
1   7.5

17 男小童无领马甲短裤套装

设计要点

　　这是一款无领马甲与短裤的套装，V形领更有复古的设计感，在春夏季是儿童不可缺少的着装之一，马甲和短裤可以作为套装一起搭配，也可以分别搭配其他服装，马甲前开对襟，装三粒扣，后中不断开，并贴缝装饰腰袢，下身裤腰穿松紧带，裆弯装拉链，侧缝装挖袋，后片贴缝各一个贴袋，可在衣身贴缝装饰贴布，更显俏皮。建议选用亮色、纯色条绒面料或涤棉混纺面料。制作时需注意钉扣、腰袢位置正确，松紧带松紧适宜，拉链平服不扭曲。适用于年龄3～4岁、身高100cm～105cm的男童。

袋布

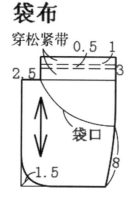

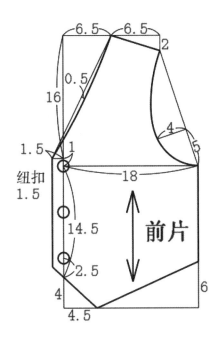

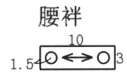

腰袢

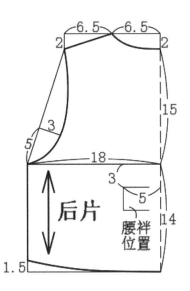

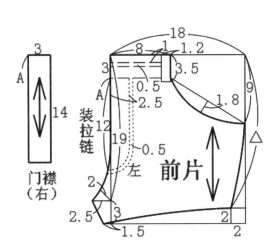

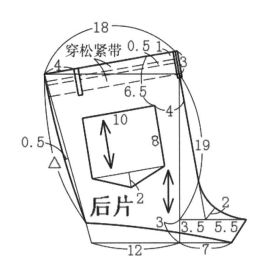

18 女中童高腰无袖背带裙

设计要点

　　腰部断开，前中装门襟贴边并锁眼钉扣，后中不分开后片肩带末端锁扣眼，并缝暗纽袢，腋下一段装松紧带，裙片收细裥，左右各装一个明贴袋。建议采用质地轻薄的水洗棉、针织面料。制作时需注意各缝线顺直，收裥均匀，门里襟里外松紧一致，蝴蝶结的大小、高低一致，贴袋大小、位置正确，裙子整体造型美观。适用于年龄4～5岁、身高105cm～110cm的女童。

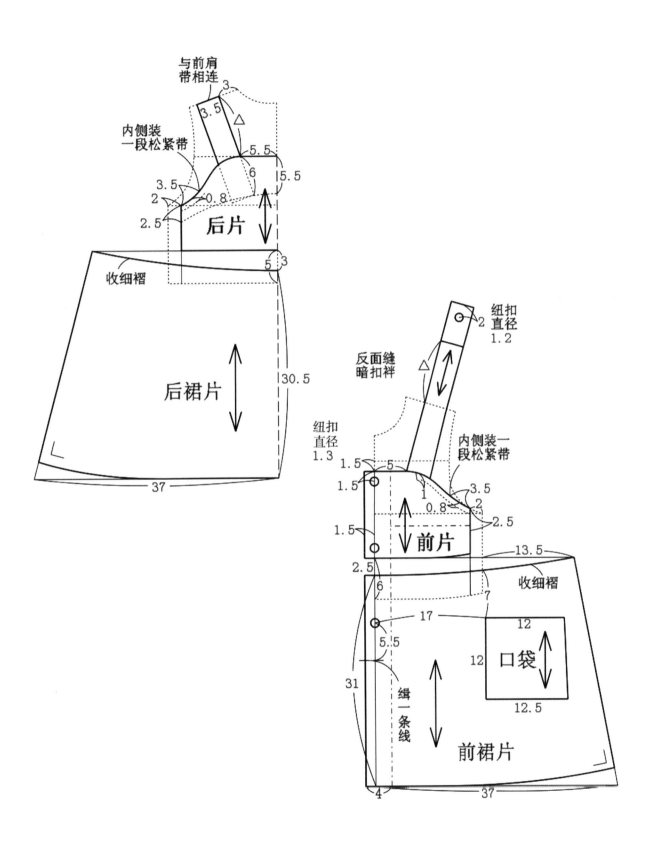

与前肩
带相连

3

3.5

内侧装
一段松紧带

△

5.5

3.5

6

5.5

2

0.8

后片

2.5

收细褶

5   3

后裙片

30.5

37

纽扣
直径
1.2

2

反面缝
暗扣袢

△

内侧装一
段松紧带

纽扣
直径
1.3

1.5   5

1.5

1

3.5

0.8

2

2.5

前片

1.5

13.5

2.5

收细褶

6

7

17

12

5.5

12   口袋

31

缉一条线

12.5

前裙片

4   37

19 女中童立领披肩长袖连衣裙

设计要点

　　前后片腰节断开，前、后片都有两处分割线，上衣后中缝处装隐形拉链，后中腰部装饰有蝴蝶结，凸显活泼可爱，袖山和袖口处收细裥，袖口处形成荷叶边的效果，裙摆加大自然形成波浪。建议面料选用舒适透气的纯棉面料，颜色以鲜艳明亮色系为主，更显可爱童趣。制作时需注意裙褶顺直，袖山收褶要均匀，裙子整体造型舒适美观。适用于年龄4～5岁、身高105cm～110cm的女童。

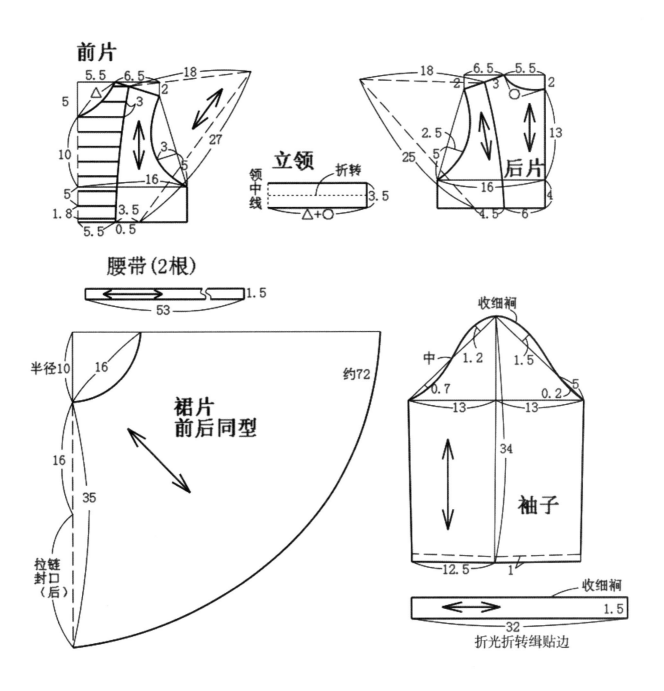

前片

5.5　6.5　18
5
△
3
2
10
3
16
5
5
3.5
1.8
5.5　0.5

立领

领中线　折转
3.5
△+○

后片

18　6.5　5.5
2　3　2
2.5
13
25
5
16
4
4.5　6

腰带（2根）

53　1.5

半径10　16
约72

裙片
前后同型

16
35

拉链
封口
（后）

袖子

收细裥
中　1.2　1.5
0.7　0.2　5
13　13
34
12.5　1

收细裥
32　1.5
折光折转缉贴边

20 女中童无袖背带 高腰筒裙

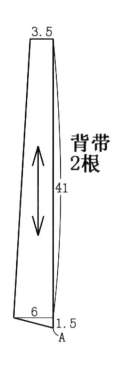

3.5

背带
2根

41

6

1.5

A

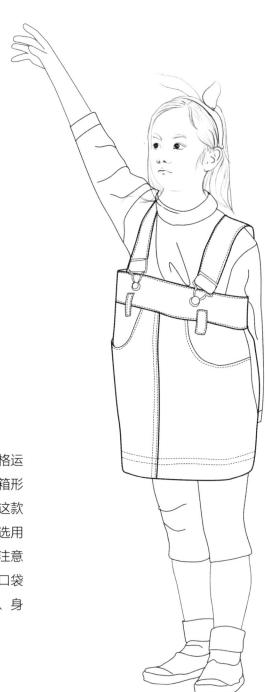

设计要点

宽松无袖的背带裙设计，款式简洁大方，风格运动休闲。前片两侧有半月牙挖袋，实用，后片有箱形口袋做搭配，前后呼应。简洁设计和装饰口袋是这款裙子的主要设计特点，看起来活泼而素雅。建议选用挺括耐穿的牛仔布或浅色灯芯绒面料。制作时需注意各部位缉线顺直流畅，缝制斜丝袋口勿拉扯，后口袋滚边缉线均匀、宽窄一致。适用于年龄4~5岁、身高105cm~110cm的女童。

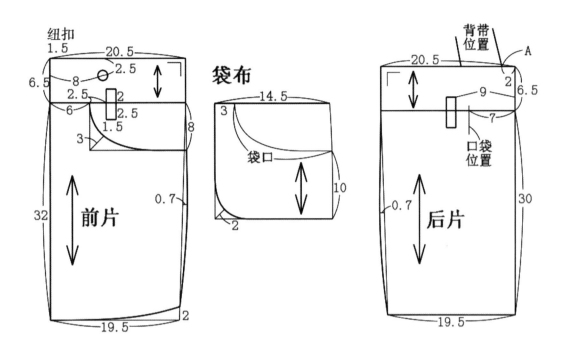

纽扣
1.5
20.5
6.5
8
2.5
2.5
2
6
2.5
1.5
3
32
前片
0.7
8
19.5
2

袋布
14.5
3
袋口
10
2

背带位置
A
20.5
2
6.5
9
7
口袋位置
0.7
后片
30
19.5
2

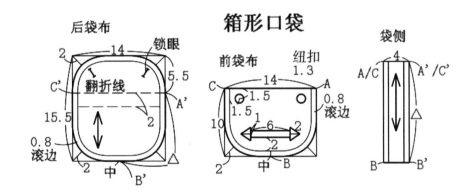

后袋布
2
14
锁眼
C'
翻折线
5.5
A'
15.5
2
0.8
滚边
2
中
B'

箱形口袋

前袋布
纽扣
1.3
C
14
A
1.5
0.8
滚边
1.5
10
1
6
2
2
中
B

袋侧
4
A/C
A'/C'
B
B'

21 女中童马甲
短裙套装

设计要点

　　无领，胸前加有防风布，前中开口装门襟贴边并锁眼钉扣，后中不断缝，后片有交叉布条装饰，半身裙有育克分割，裙身收细裥，腰头较宽，内穿松紧带，腰头两侧装带袢，裙片左右各一个挖袋。建议面料用格子纹棉麻混纺或亮色劳动布面料。制作时需注意防风布用斜丝，各缝线顺直，收裥均匀，门里襟里外松紧一致，挖袋位置正确。适用于年龄4~5岁、身高105cm~110cm的女童。

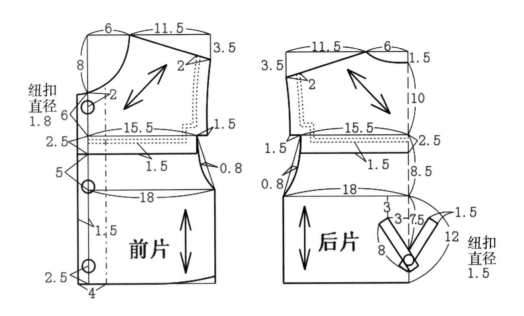

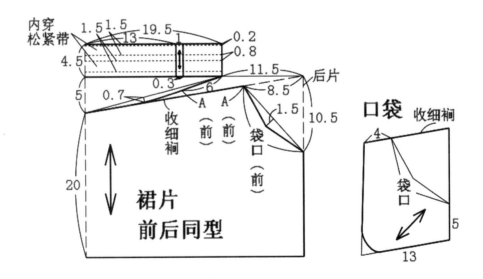

22 女中童袒领双花边
大裙摆礼服

设计要点

　　方形大袒领，领子、裙摆和门襟都装有装饰性的双花边，袖子为羊腿袖，袖山抽褶，袖子和腰部都有分割，且在分割处有抽褶设计，衣身后中装隐形拉链，裙摆处是塔克线和花边相互交替的设计风格，形成一种螺旋的裙摆效果，腰节处有装饰蝴蝶结，给裙子增添甜美和优雅感。建议选用浅色天鹅绒、印花平绒面料，花边、塔克线建议选用白色。缝制时需注意花边、塔克线间距宽窄一致，收褶均匀自然，拉链平服顺畅。适用于年龄4～5岁、身高105cm～110cm的女童。

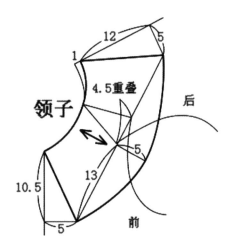

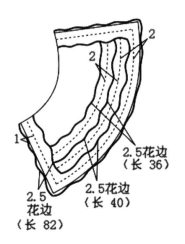

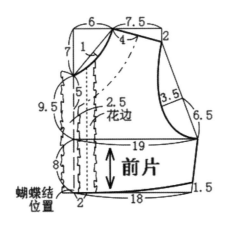

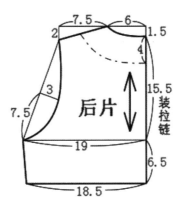

前片

后片

装拉链

蝴蝶结位置

蝴蝶结

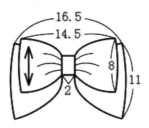

前 3 3 后

抽褶

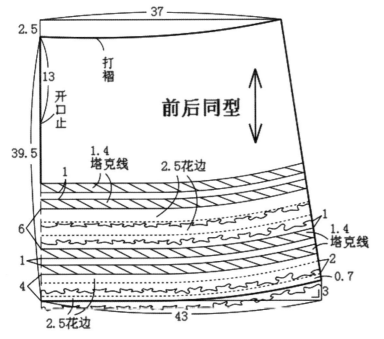

前后同型

打褶

开口止

塔克线

花边

塔克线

2.5花边

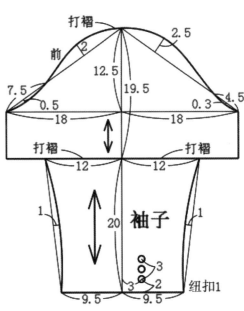

打褶

前

袖子

打褶

打褶

纽扣1

23 女中童吊带
双层连衣裙

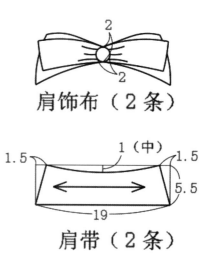

肩饰布（2条）

肩带（2条）

设计要点

　　肩带和肩饰布共同构成了类似蝴蝶结的肩带设计，起到装饰和实用的双重作用，上身贴合身体，腰部断开裙身打细褶，下身两层裙片呈A形，后中装有拉链，穿脱方便，整体造型俏皮可爱。建议选用柔软舒适的小碎花纯棉面料，裙片可采用两种不同材质或颜色的面料，上层可以采用质地轻薄的纯色雪纺或网格面料。制作时需注意拉链平服，腰部收细褶均匀美观，下摆圆顺。适用于年龄5~6岁、身高110cm~115cm的女童。

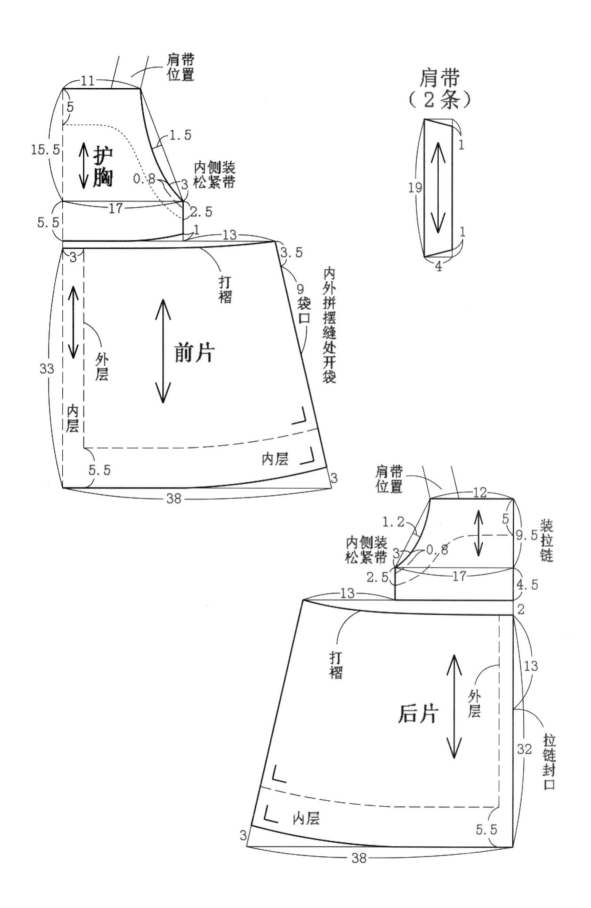

肩带位置

11

5

15.5

↕护胸

1.5

0.8

内侧装松紧带

3

17

5.5

2.5

1

13

3

打褶

3.5

内外拼摆缝处开袋

9 袋口

33

外层

内层

前片

内层

5.5

38

3

肩带（2条）

1

19

1

4

肩带位置

12

5

装拉链

1.2

0.8

9.5

内侧装松紧带

3

2.5

17

4.5

13

2

打褶

后片

外层

13

拉链封口

32

内层

5.5

3

38

24 女中童背带细褶连衣裙

设计要点

衣身前中断开，中间贴布装饰，缉明线作为装饰，连身宽条形背带，配三角扣环，后中断开，两侧各有分割线，腰部断开打细褶与上身缝合。建议裙身选用手感挺括的粗斜纹布或涤棉混纺面料。制作时需注意前后片四周、裙摆缉双明线，分割正确顺直，收褶均匀美观，裙摆自然，钉扣位置准确对称。适用于年龄5~6岁、身高110cm~115cm的女童。

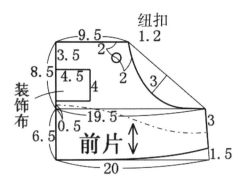

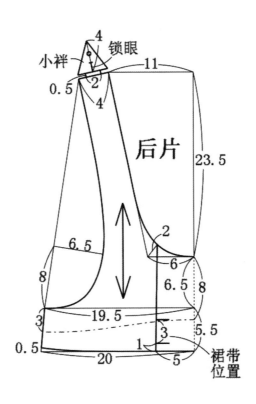

后片

4
锁眼
小祥
0.5
2
4
11
23.5

6.5
8
2
6
6.5
8
3
19.5
3
5.5
0.5
20
1
3
5
裙带
位置

裙带（2根）

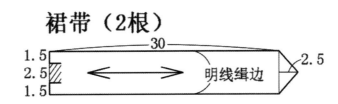

1.5
2.5
1.5
30
明线缉边
2.5

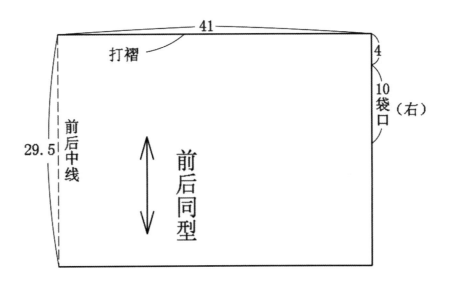

41
打褶
4
10
袋口（右）
29.5
前后中线
前后同型

25 女中童无袖直筒分割连衣裙

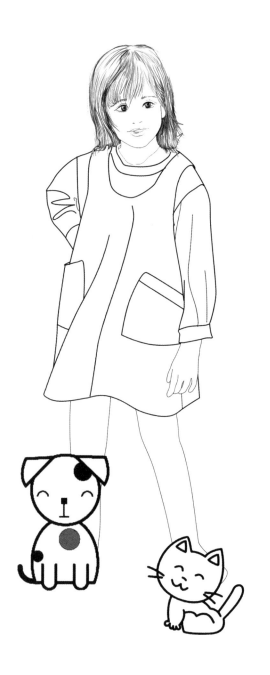

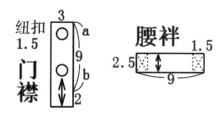

纽扣
1.5
门襟
3
a
9
b
2

腰袢
1.5
2.5
9

设计要点

U形无领、无袖直筒裙，强烈的直线感，是连衣裙的一大特点，前中、后中分割开，前片侧缝左右贴缝一个异形大贴袋，左右袖窿底下开小口，后片后中缝处缝装饰腰袢，右侧贴缝圆角大贴袋，下摆略微起翘，胸前可贴装饰贴布绣。建议选用纯色条绒布、牛仔布等面料。制作时需注意下摆缉线顺直，明线宽窄一致，左右贴袋位置正确对称，分割线缉明线。适用于年龄5~6岁、身高110cm~115cm的女童。

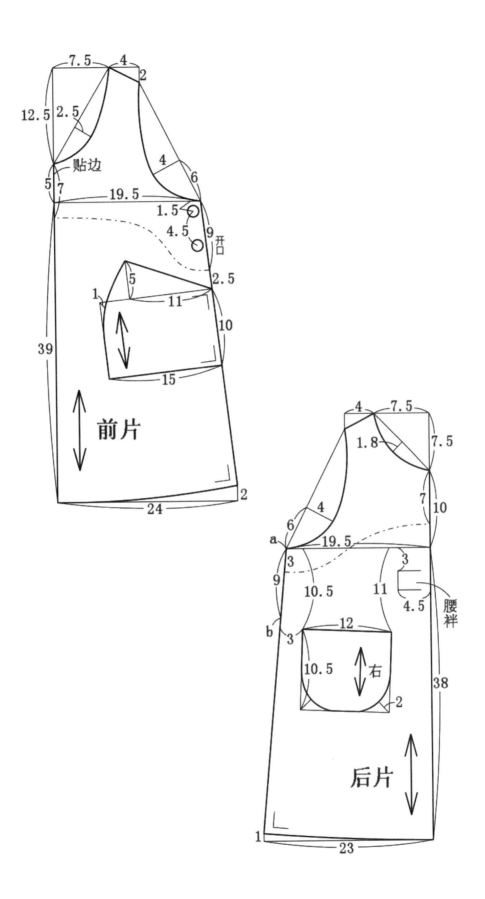

前片

后片

贴边

腰袢

开口

右

26 女中童前开门无领马甲裙

设计要点

　　上衣无领无袖，前中开口装门襟贴边并锁扣眼钉扣，前片侧缝处装蝴蝶结，腰部以下收细裥，裙身外放，后中不断开，裙身整体宽松。建议使用柔软的质地轻薄的波点纹样精梳棉面料。制作时需注意各缝线顺直，收裥均匀，门里襟里外松紧一致，蝴蝶结的大小、高低一致，裙子整体造型美观。适用于年龄5～6岁、身高110cm～115cm的儿童。

蝴蝶结
（2只）
8.5
3

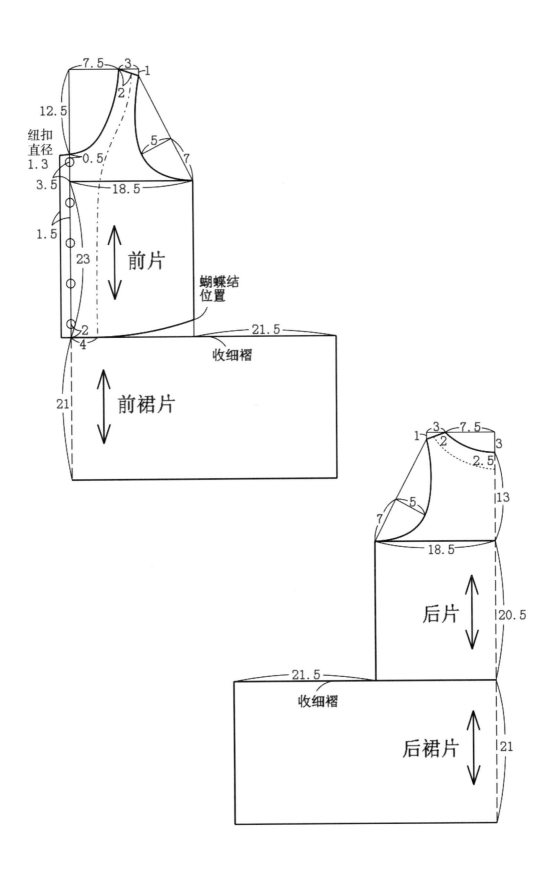

7.5　3　1

12.5

2

纽扣
直径
1.3　0.5

5

3.5

7

18.5

1.5

23

前片

蝴蝶结
位置

2
4

21

前裙片

收细褶

21.5

1　3　7.5

2　3

2.5

5

13

7

18.5

后片

20.5

21.5

收细褶

后裙片

21

27 女中童花边袒领 对襟休闲衬衫

设计要点

    领部的设计比较特别，后边是方形领，前边是半圆领，在领的边缘部分夹有花边，在衣身左侧有一个贴袋作为装饰，衣身四粒扣子，直身的宽松造型，袖口处装有松紧带，收紧后呈喇叭袖的造型，袖口处装有花边，表现女童的甜美。建议选用纯色平纹棉布或水洗牛仔面料，花边可以选用浅色蕾丝或者棉质的花型编织带，袖口与领子相呼应使服装外形看起来更甜美。适用于年龄5～6岁、身高110cm～115cm的女童。

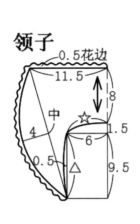

领子

0.5花边
11.5
8
中
☆
4
1.5
6
0.5
△
9.5

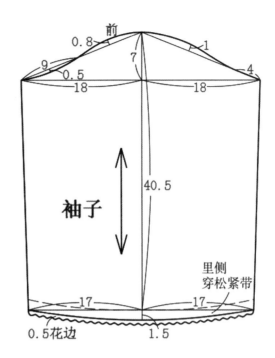

前
0.8
1
9
0.5
7
4
18
18

袖子

40.5

里侧
穿松紧带

17
17

0.5花边
1.5

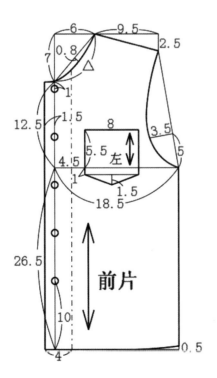

6
9.5
2.5
7
0.8
△
1
12.5
1.5
8
5.5
左
3.5
4.5
5
1
1.5
18.5
26.5

前片

10
4
0.5

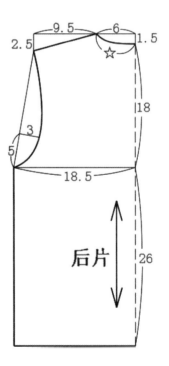

9.5
6
2.5
1.5
☆
18
3
5
18.5

后片

26

28 女中童水手领长袖连衣裙

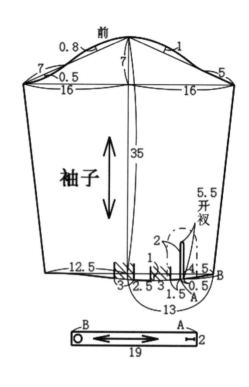

设计要点

　　这是一款水手领的经典学生装，在领口处系有印花巾，像一个披肩巾，开前门襟，前中钉八粒扣，前片对称缝贴袋，腰部断开，裙腰收细褶，右侧缝装内插袋，圆装长袖，袖口打褶、开衩、装袖克夫，这款裙子主要设计点在领子上，水手领的造型设计加以类似红领巾的印花巾装饰，前中采用扣子作为闭合方式也具有装饰作用。建议衣身选用纯色劳动布、水洗牛仔面料，装饰领布可选用印花水洗棉、印花绵绸面料。适用于年龄5~6岁、身高110cm~115cm的女童。

装饰布（2片）

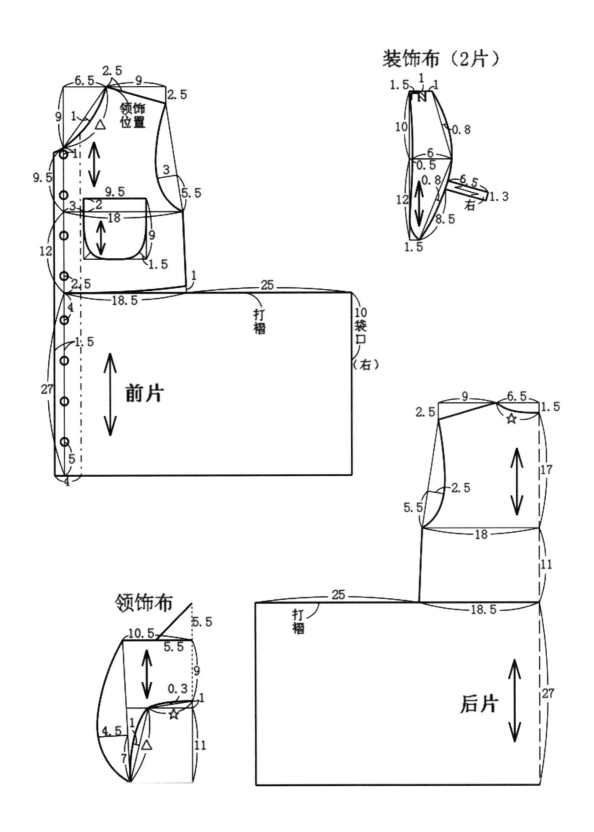

领饰布

2.5

6.5   2.5   9
领饰
位置

9   1
△

1
9.5

9.5
3   2   18
12

2.5
18.5   1

4

1.5

27   前片

5

4

25

打
褶

10
袋
口

（右）

1.5   1   1

10   0.8

6   0.5
0.8   6.5

12   右   1.3

8.5

1.5

10.5   5.5
5.5
9
0.3   1
☆
4.5   1
△
7   11

2.5   9   6.5
☆   1.5
2.5

2.5   17

5.5

18

11

25   18.5

打
褶

后片   27

29 女中童背带分割花边短裙

设计要点

可卸肩带的造型符合儿童体型特征，又凸显其活泼可爱，裙前片有双明线，两侧有花边作为装饰，裙长略短于衬裙的风格，腰头内装松紧带，左侧缝装拉链，右侧缝装内置插袋。这款背带裙既满足儿童的腰腹偏粗的体态需要，又使这款服装的款式丰富多样，生动活泼。建议选用质地轻薄的印花乔其纱、纯棉等面料，加饰同色花边，可选用鲜艳明亮的颜色，来表现儿童的稚嫩和天真。制作时需注意分割线缉双明线，收细褶均匀美观，腰部松紧带松紧适宜，钉扣位置正确。适用于年龄5~6岁、身高110cm~115cm的女童。

背带（2根）

纽扣
1.3

5　　54　　5　　2

14
3　锁眼（左）
6
扣襻
（裏侧）

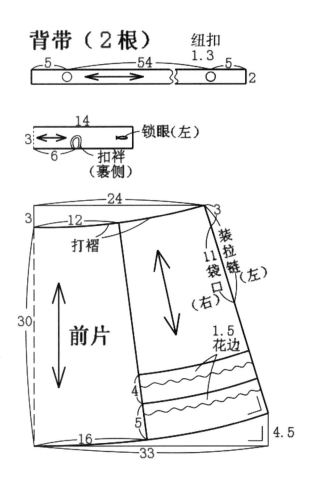

24
3　12　3
打褶
装拉链（左）
11
袋口（右）
前片
30
1.5 花边
4
5
16
33
4.5

（左）
3　23　穿松紧带
纽扣
1.5
扣襻　6
3

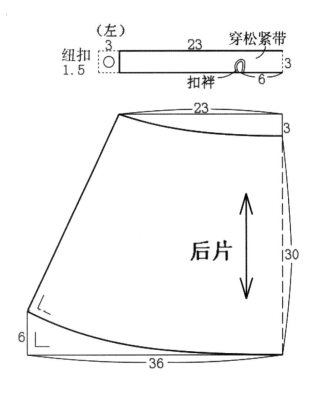

23
3
后片
30
6
36

30 女中童居家喇叭裙裤（亲子款）

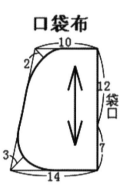

口袋布

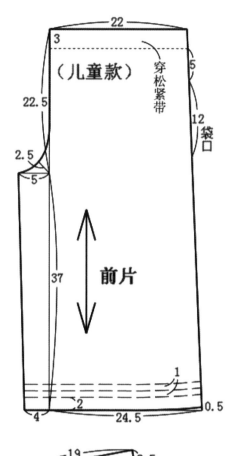

（儿童款）

前片

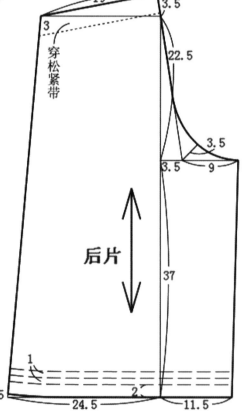

后片

设计要点

喇叭裤型设计似裙似裤，整体廓形宽松舒适，腰部穿松紧带，侧缝处装圆形插袋，裤口绗缝三条装饰线，是一款亲子同型的喇叭裤，宽松随意的风格非常适合在家穿着。建议选用质朴简单的蓝色粗布、牛仔布等面料。制作时需注意各部位缉线顺直流畅，袋口平服不外吐，松紧带松紧适宜，绗缝间距一致、无断线，裆弯缝制时勿拉扯。儿童款适用于年龄5~6岁、身高110cm~115cm的女童。

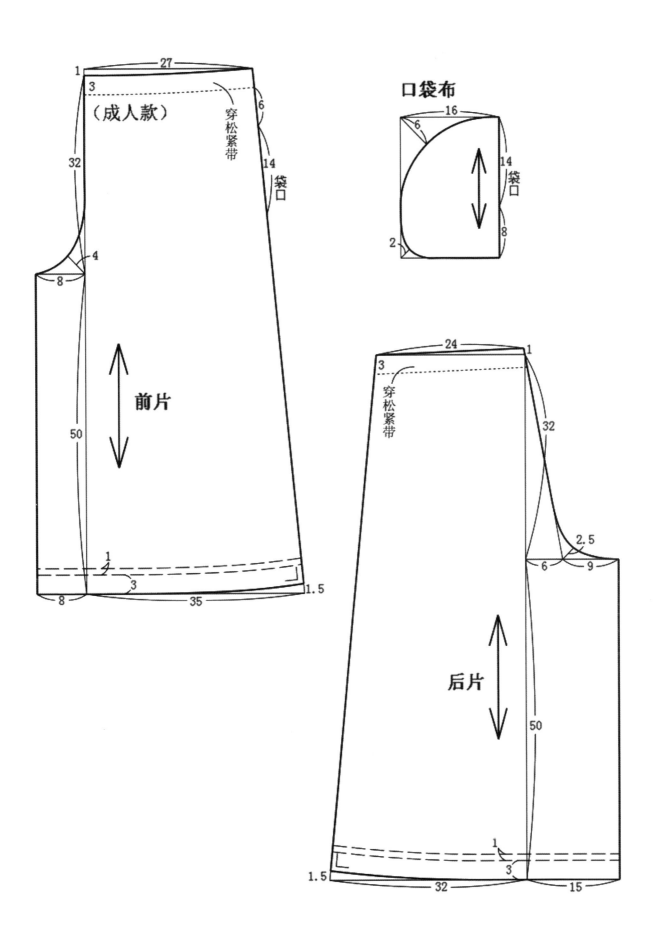

27

1

3

（成人款）

32

穿松紧带

6

14 袋口

4

8

50

前片

1

3

8

35

1.5

口袋布

16

6

14 袋口

2

8

24

1

3

穿松紧带

32

2.5

6

9

后片

50

1

3

1.5

32

15

31 女中童高腰宽松印花长裙（亲子款）

设计要点

　　腰部采用宽腰松紧带的设计，形成一种高腰花边的效果，整体廓形简单，满满的田园气息，前后中不断开，前片侧缝各贴缝一个方形贴袋，下摆扩大，底摆贴缝装饰印花布边，腰部纫缝、穿松紧带，这是一款亲子同款长裙，儿童款前片贴袋，成人款侧缝插袋。建议选用亲肤柔和、深色的水洗棉面料，布边、贴袋选用印花棉布。制作时需注意纫缝明线宽窄一致线迹顺直、两端缉牢，松紧带松紧适宜，各部位缉线平滑流畅。适用于年龄6～7岁、身高115cm～120cm的女童。

口袋布

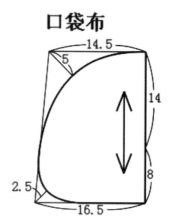

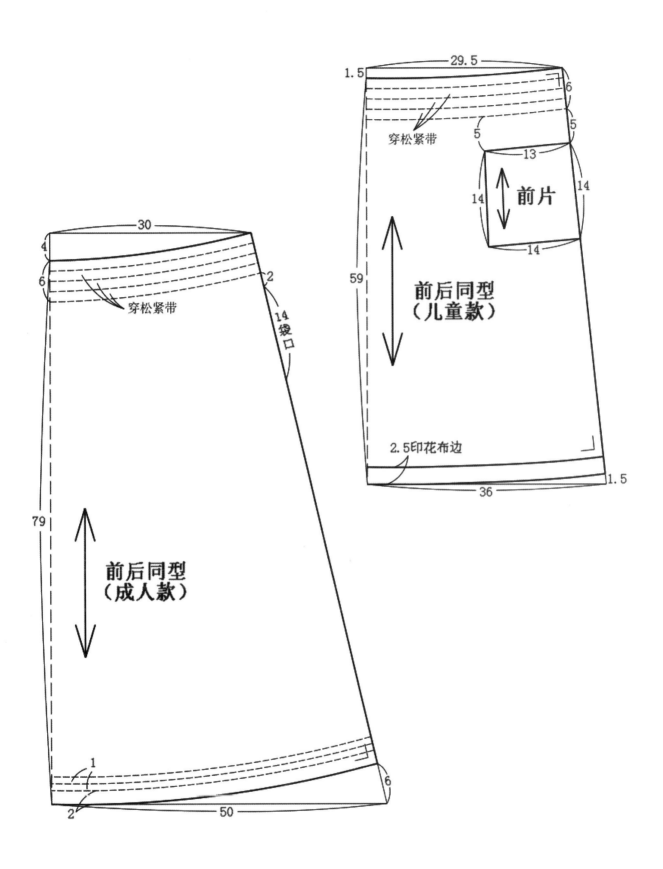

穿松紧带

29.5

1.5

6

5

5

13

14 前片 14

14

59

前后同型
（儿童款）

2.5印花布边

36

1.5

30

4

6

穿松紧带

2

14
袋口

79

前后同型
（成人款）

1

2

50

6

32 女中童褶裥育克衬衫

设计要点

　　过肩褶裥育克设计，前肩和后背做横向断开，圆装长袖，两侧前肩部有褶裥，后衣身与育克相接处也有褶裥，衣身肩部比较合体，肩部以下比较宽松，微喇叭的造型更好看，穿着也较为宽松，袖山处有褶裥，袖口收紧上袖口边，外形好看也利于活动。建议选用浅色、纯色全棉丝光面料或棉涤混纺面料。制作时需注意各部位缉线顺直，褶裥平服美观，袖片底部上袖口边收褶均匀。适用于年龄6～7岁、身高115cm～120cm的女童。

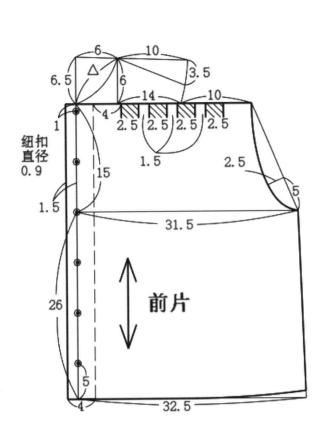

纽扣
直径
0.9

前片

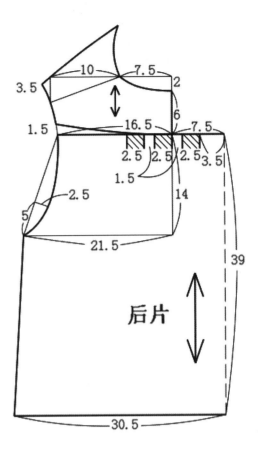

后片

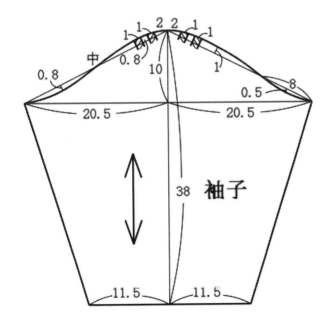

中

袖子

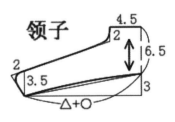

领子

△+○

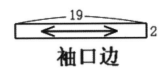

袖口边

33 女中童圆领 花边公主裙

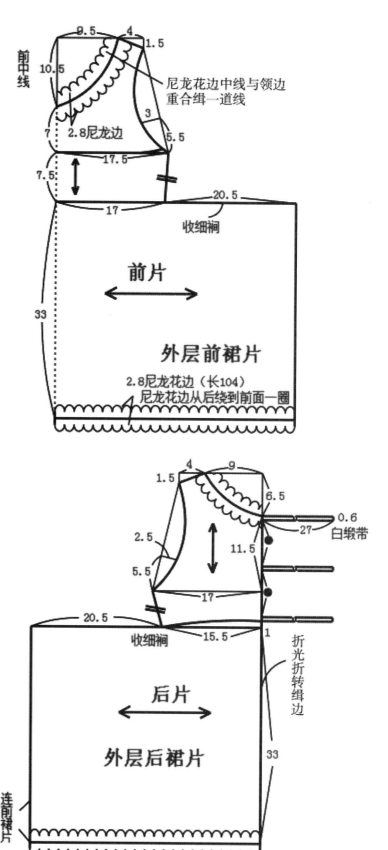

前中线

9.5 4 1.5

10.5

尼龙花边中线与领边
重合缉一道线

7 2.8尼龙边 3

5.5

7.5 17.5

17 20.5

收细裥

前片

33

外层前裙片

2.8尼龙花边（长104）
尼龙花边从后绕到前面一圈

4 9

1.5 6.5

2.5 0.6

27 白缎带

5.5 11.5

17

20.5 收细裥 15.5 1

折光折转缉边

后片

外层后裙片 33

连前裙片

设计要点

U形小圆领设计，圆装袖，袖山抽细褶，在肩部、领口装有尼龙装饰性花边，裙摆处有用面布做的荷叶花边，后中缝处装拉链，袖口处装有袖克夫。面料建议采用质地优良的粘纤或者纯棉印花织物。制作时可以加入裙衬效果更好，需注意领子部位尼龙花边中线与领边要重合缉线衣道，袖山、裙子下摆收褶均匀美观，穿着时佩戴小圆帽更显俏皮可爱。适用于年龄6～7岁、身高115cm～120cm的女童。

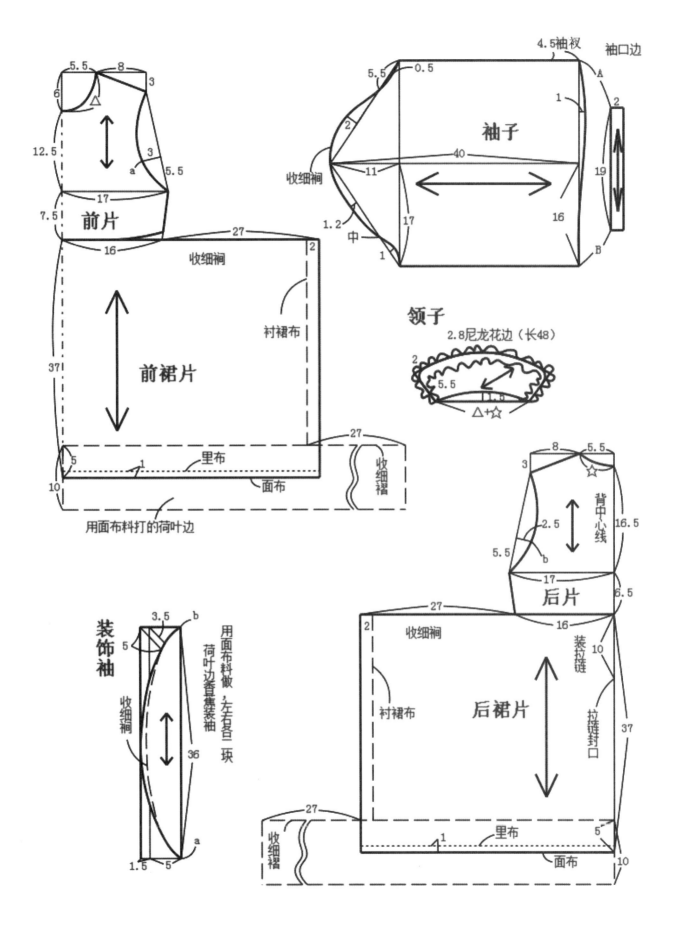

袖衩 4.5   袖口边

5.5 0.5   A
                                1   2
        2   袖子
收细裥   40
        11   17   19
1.2
中   16   B
1

前片
5.5 8
6   3
△   3
12.5   3
        a   5.5
7.5 17
16

前裙片
27   2
收细裥
衬裙布
37
5 1 里布 27
10   面布   收细裥
用面布料打的荷叶边

领子
2.8尼龙花边（长48）
2   5.5
△+☆

后片
8 5.5
3   ☆
2.5   背中心线 16.5
5.5 b
17
后裙片
27   6.5
2   16
收细裥   装拉链 10
衬裙布   后裙片
        拉链封口
        37

装饰袖
3.5 b
5
用面布料做，左右各三块
收细裥 荷叶边香蕉装袖
36
1.5 5 a

27
收细裥 里布 5
面布 10

春夏篇 | 女中童圆领花边公主裙 67

34 女中童海军领褶裥连衣裙

设计要点

    这是一款海军服式的长袖连衣裙，可以采用质地柔软、耐磨耐穿的平绒面料，适合上学或者外出时穿，装海军领，领周缝深色织带，衣身前中有四粒扣子利于穿脱，也起到装饰作用，袖口处开衩，并装袖祥收紧，腰部断开，裙腰前片两侧各采收四个褶裥，裙后片后中不断开收十个褶裥，利用褶裥量加大了裙摆，使裙子有更大的运动量也使造型更美观。制作时需注意褶裥排列均匀整齐，装饰织带宽窄一致，袖山圆顺平滑。适用于年龄6～7岁、身高115cm～120cm的女童。

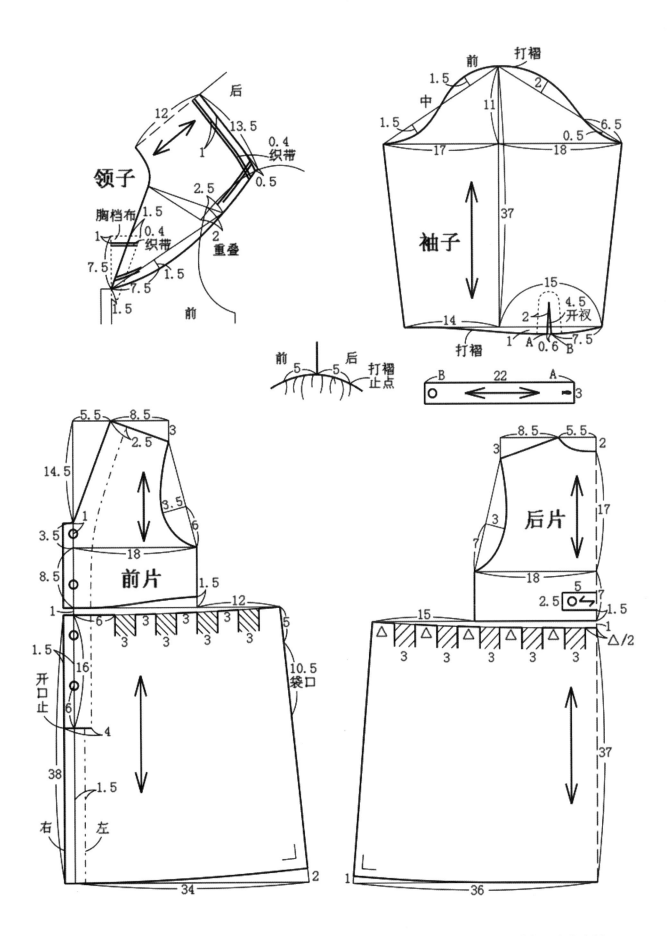

领子

后

12

13.5

1

0.4 织带

0.5

2.5

胸档布 1.5

0.4 织带

1

2 重叠

7.5

7.5

1.5

前

袖子

前 打褶

1.5

中

2

11

1.5

17

18

0.5

6.5

37

15

4.5

开衩

2

14

1

A 0.6 B

7.5

打褶

前 5 5 后 打褶止点

B 22 A

3

前片

5.5

8.5

3

2.5

14.5

1

3.5

3.5

6

18

8.5

1.5

1

6

12

5

3 3 3 3

1.5

16

10.5 袋口

开口止

6

4

38

1.5

右 左

34

2

后片

3

8.5

5.5

2

3

17

3

7

18

5

2.5

7

1.5

15

1

△

△ △ △ △ △ △/2

3 3 3 3

37

36

1

35 女中童两穿波浪背带裙

设计要点

　　背带和裙子之间用纽扣进行连接，组成背带裙，摘掉背带就变成一条无装饰性的太阳裙，穿脱方便且独特；衣片前中不断开，侧边连接背带，呈方形无领，裙前后片裁剪同型，腰部收细褶，腰头装有松紧带，易于儿童穿脱，裙片两侧装内置插袋。建议选用纯色系法兰绒、格子纹样针织面料。制作时需注意各部位缉线顺直流畅，松紧带松紧适宜，裙褶均匀自然。适用于年龄7～8岁、身高120cm～125cm的女童。

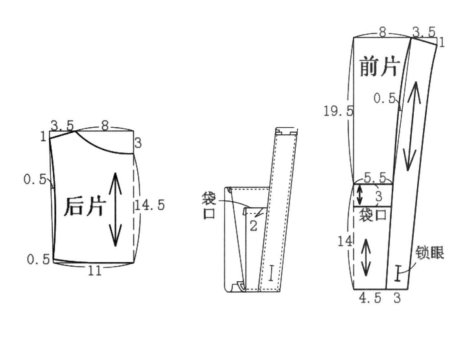

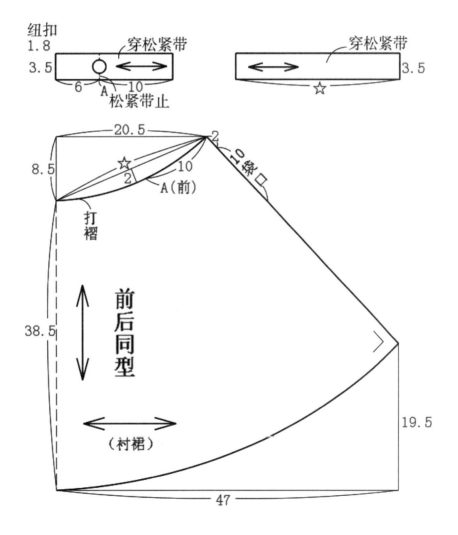

36 女中童背带侧开褶裥连衣裙

设计要点

　　无袖中腰，前中不断开，左侧装单嵌条口袋，左侧缝锁扣眼，右侧缝装订三粒扣，裙身有均匀的褶裥，后片袖窿弧线宽度大，肩带后连衣身，前有金属卡子夹前身，前后片中间断开为装饰腰头，可在前胸装贴花图案，宽松的造型让人穿上没有束缚的感觉，肩带长短适宜。建议选用质地挺括、质朴舒适的纯棉面料。制作时需注意褶裥大小一致，左右对称，钉扣、锁眼位置正确，肩带缉线顺直平滑。适用于年龄6~7岁、身高115cm~120cm的女童。

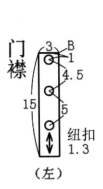

门襟

B
3
1
4.5
15
5
纽扣
1.3
（左）

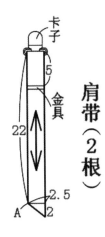

卡子
5
金具
22
肩带（2根）
2.5
A
2

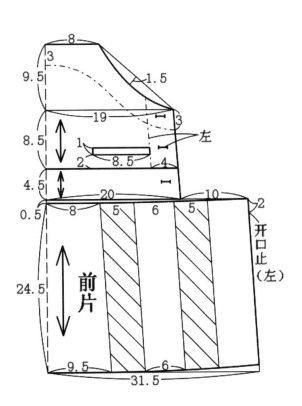

8
3
9.5
1.5
19
3
8.5
1
左
2
8.5
4
4.5
20
10
0.5
8
5
6
5
2
开口止
（左）
24.5
前片
9.5
6
31.5

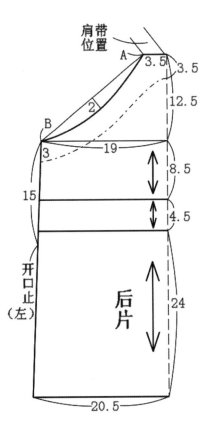

肩带位置
A
3.5
3.5
B
2
12.5
3
19
8.5
15
4.5
开口止
（左）
后片
24
20.5

37 女中童无袖 八片分割裙

带子（2根）

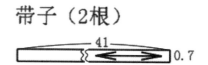

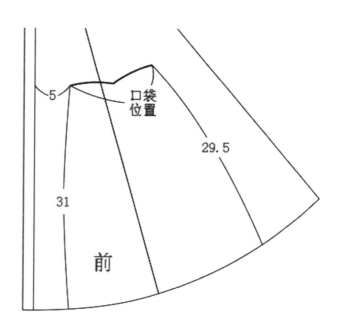

设计要点

　　经典八片无袖拼接裙设计，前后公主线位置开分割线，前开对襟，装八粒金属扣，前片对称两个绣花的贴袋，腰部略收腰，下摆沿分割线放开松量，后片后向断开，领口、袖窿贴缝1cm绲边，整体呈现可爱活泼A形裙。建议选用深色粗斜纹面料或质地较厚实的牛仔面料，绲边需与衣身同色。制作时需注意分割线顺直流畅，贴袋平服、位置正确对称，各部位缉线平滑均匀，拼接处缉明线，下摆圆顺。适用于年龄6~7岁、身高115cm~120cm的女童。

口袋布（2个）

12
1.2
11.5
2.5
9

8.5
2
1
6
4.5 A 1滚边
纽扣
1.3
18
6.5
7
1
1.5
39.5
0.5
0.5
0.5
4
前片
11.5
2.5
18.5
7
2.5

3.5 A 13
2
1滚边
3.5 5.5
13.5
5
9
8.5
10.5
0.3
19
4.5
6.5
2 7
1
带子位置
0.5
0.5
0.5
0.5
38.5
后片
1.5 1.5
1.5
10
15.5
8.5

38 男中童高腰风琴袋短裤

设计要点

　　H廓形版型高腰短裤，建议选用亲肤透气的格子棉布、卡其布，前片裆弯装拉链，左右各一个弧形挖袋，后右片边装一个有袋盖的风琴口袋，增加短裤的立体效果，腰部穿松紧带方便穿脱，明快的线条、简单的版型，雅而不俗。制作时需注意斜挖袋袋口缉线圆顺平滑，门襟缉线顺直不能有断线、里布平服，松紧带松紧适宜，风琴袋位置正确美观。适用于年龄4～5岁、身高105cm～110cm的男童。

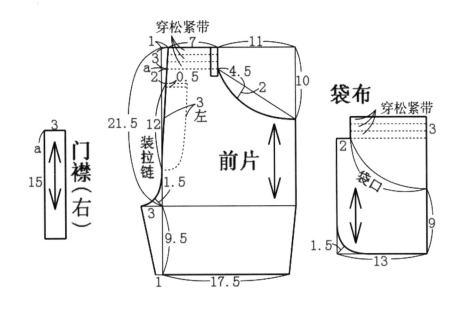

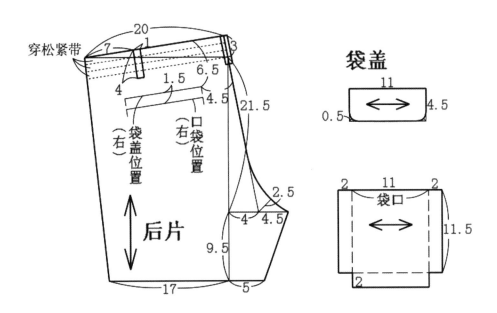

39 男中童古典马甲短裤套装

设计要点

　　合体型短马甲，V形领口设计，尖角下摆，前开对襟并装四粒扣，前片左右两侧各贴缝一个菱形贴袋，后中不断开，后腰装装饰腰带，下身为高腰过膝短裤，裤腰装有松紧带，侧缝处各装一个插袋，后片对称两个贴袋，独具古典风格。建议使用纯色薄款制服呢、法兰绒，也可选用佩斯利涡旋花纹面料，更显绅士风度。制作时需注意各部位明线顺直，袋口和袖窿处反复缉明线，钉扣位置正确，松紧带松紧适宜。适用于年龄4～5岁、身高105cm～110cm的男童。

口袋布

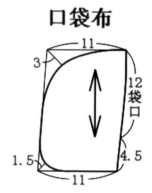

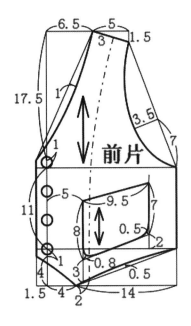

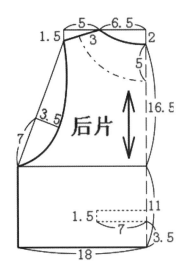

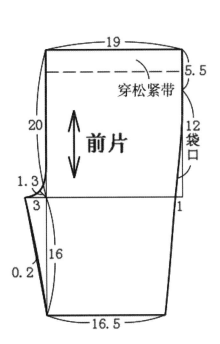

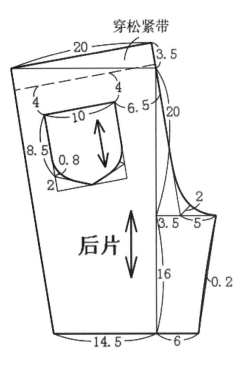

40 男中童西装背带裤套装

设计要点

　　后开身两片西服套装设计，西装上衣翻驳领，合体两片袖，左右各有一个明贴袋，上衣身装三粒扣。下身五分背带裤，前后片各收一个省，侧缝有插袋，腰部装串带襻，前片装门里襟拉链，裤子后片后中装松紧带，装双嵌线做假口袋。建议面料选用薄款纯色精纺羊绒与涤纶混纺面料，背带和嵌线用横丝。缝制时注意驳头左右对称，口袋高低位置对称，装袖合体美观，上衣底边弧线圆顺。适用于年龄4~5岁、身高105cm~110cm的男童。

领子

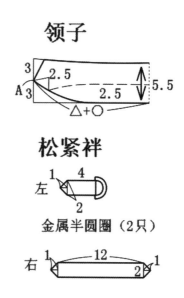

松紧襻

金属半圆圈（2只）

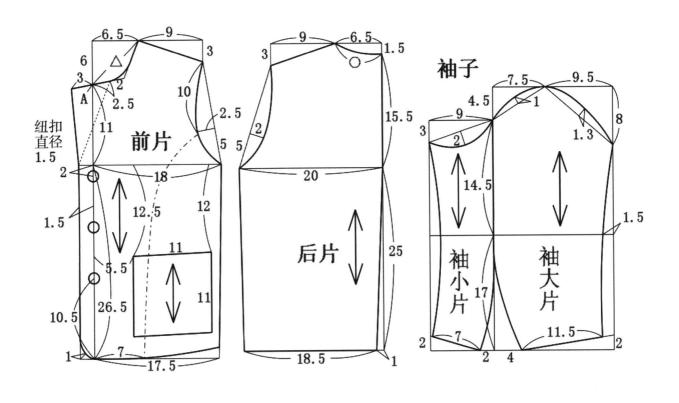

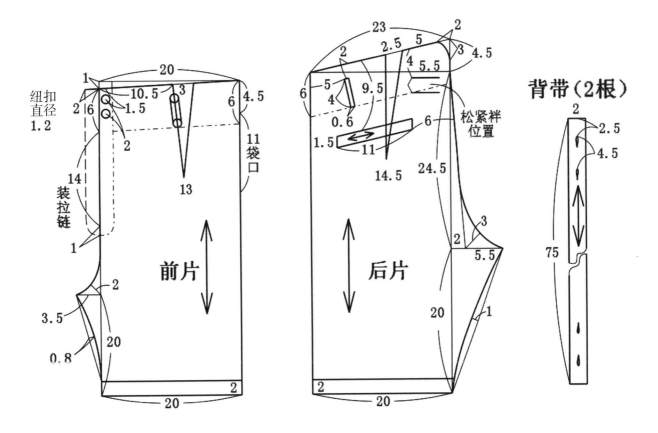

41 男中童翻立领 育克衬衫

设计要点

　　翻立领设计，领子由领面领座组成，圆装长袖，衣片前身胸前断开，分割线两侧各装一个贴袋，前中装门襟明贴边并装四粒扣，袖子开有宝剑头袖衩，袖口处装有袖口边并装一粒扣，后中不分开，适用于春秋季穿着。建议选用轻薄硬挺的棉麻混纺、涤纶混纺、平纹牛仔面料或花色格子纯棉衬衫面料。制作时需注意门襟缉线顺直，贴袋左右对称，袖口收褶均匀，领座平服，领面对称美观。适用于年龄5~6岁、身高110cm~115cm的男童。

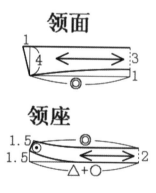

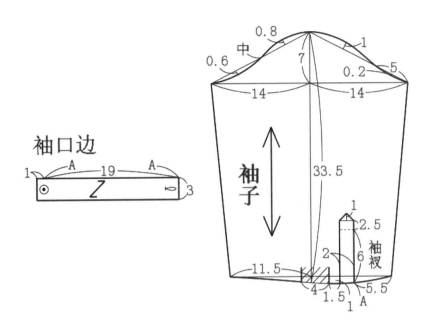

袖口边

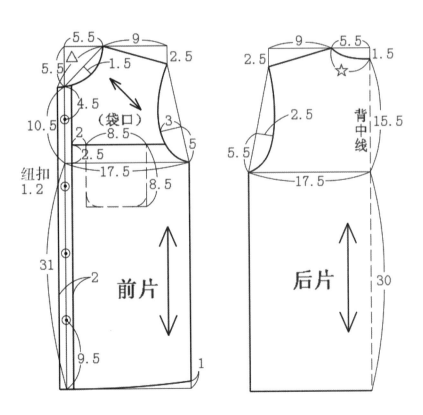

42 男中童无领短袖衬衫

设计要点

　　无领设计，用斜条绲边，装短袖，前片装门襟贴边并锁眼钉扣，左胸前装大明贴袋，既美观又实用，后片分割做过肩，过肩中央领下用布条装饰，下摆开叉。建议选用条纹面料制作。制作时需注意各部位缉线顺直，斜条绲边无拉长，后片分割背部用横丝，贴袋大小、位置正确，背面装饰条要居中、端正。适用于年龄8～9岁、身高125cm～130cm的男童。

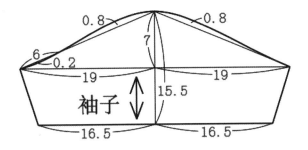

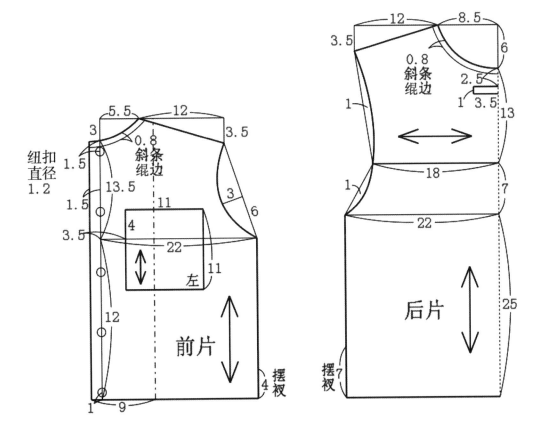

43 男中童挖袋短裤

设计要点

　　简单宽松直筒短裤，裤身两侧有两个开得比较深的挖袋，前中装拉链有门襟，利于穿脱，腰头装裤袢及纽扣。建议选用纯色棉布或抗皱性较好的混纺面料。可以简单搭配短袖衬衫、带帽运动衣，休闲大方，适宜日常活动；制作时需注意挖袋位置正确、左右对称，弧形袋口、裆弯处缝制时勿拉扯。适用于年龄8～9岁、身高125cm～130cm的男童。

口袋

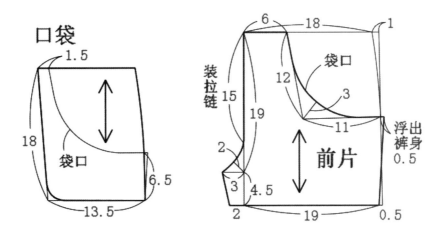

1.5
18
袋口
6.5
13.5

6
18
1
装拉链
15
袋口
12
3
19
浮出裤身
0.5
2
11
3
4.5
前片
2
19
0.5

裤腰

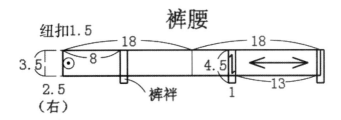

纽扣1.5
18
18
8
3.5
4.5
2.5
（右）
裤袢
1
13

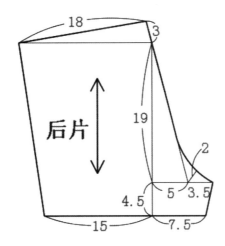

18
3
19
后片
2
5
3.5
4.5
7.5
15

44 女中大童无袖方型无领连衣裙

口袋

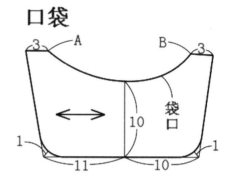

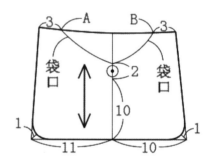

设计要点

方形无领设计，无袖，腰部断开，断开处以下收细裥，前片两侧颈肩点到腰部有两条分割线，前中不断开，后片领子处装缎带连接，后中分开装暗贴边并锁眼钉扣，裙身装口袋。建议选用抗皱性较好的混纺面料，如棉麻混纺面料、棉涤混纺面料等。制作时需注意收裥均匀，压褶处要平服，袋口缝制时勿拉扯，前片分割线缉线顺直。适用于年龄9～10岁、身高130cm～135cm的女童。

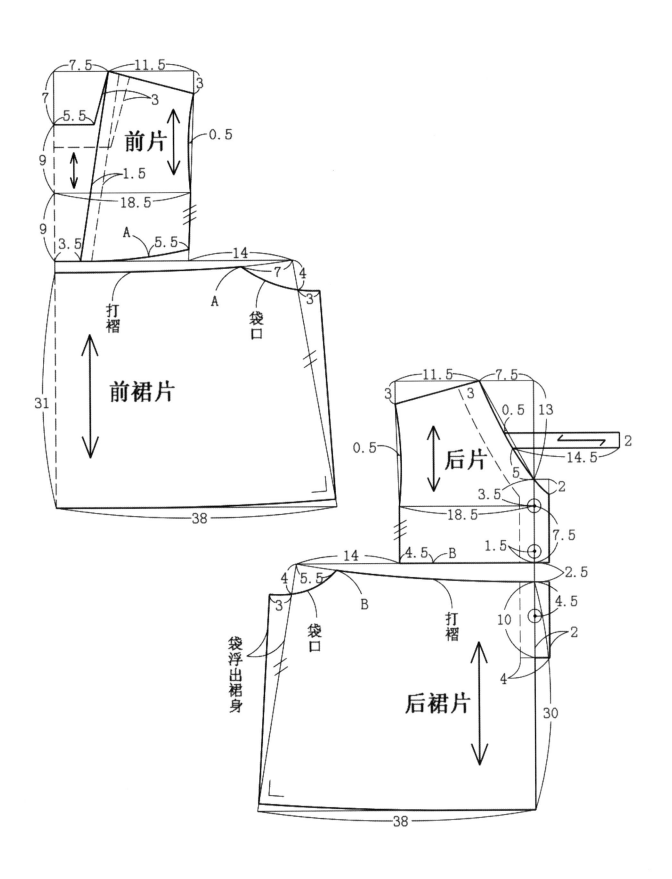

45 女大童单排扣背带裙

设计要点

　　前中对开并钉有纽扣，腰部收细褶，左右两根背带，背带做好后上在裙腰后部，腰里有扣袢，右侧缝内装插袋，整体呈现前四片后三片式分割裙，这是一款简约经典、富于美感的背带裙。建议选用抗皱性较好、较挺括的涤纶、卡其布面料。制作时需注意缉线顺直，钉扣、背带定位准确，分割线流畅，腰口平服不外吐，裙摆自然美观。适用于年龄9~10岁、身高130cm~135cm的女童。

背带（2根）

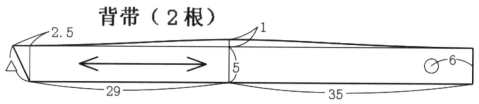

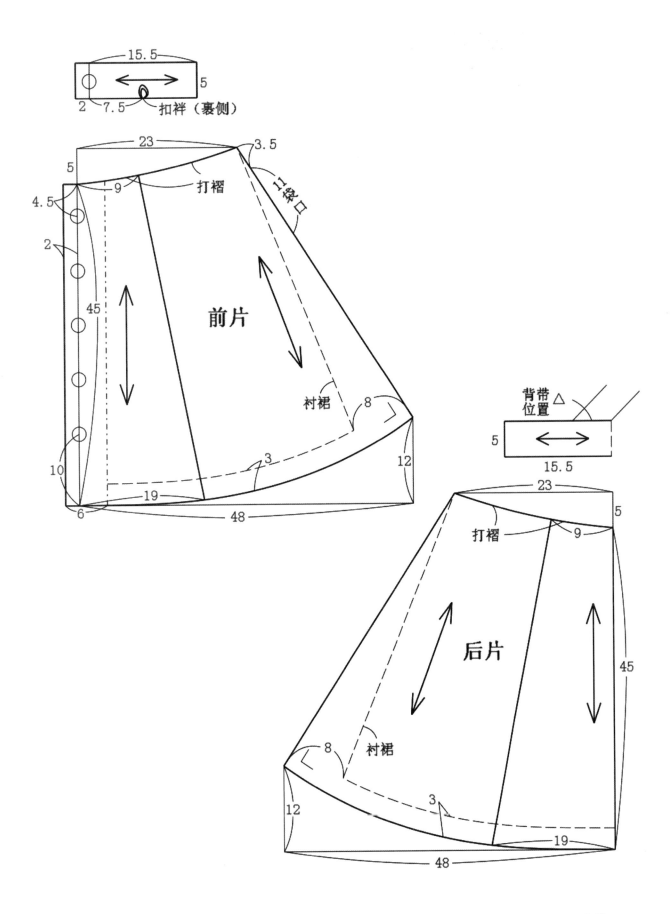

46 女大童袒领塔克长袖衬衫

设计要点

　　大圆袒领加荷叶边设计，装低袖山长袖，前中开门呈对襟并钉装五粒扣，门襟两侧各缉三条细裥，起到装饰点缀作用，袖口处打褶裥装袖口边收紧，使袖口处袖子有余量，造型更好看。建议采用纯棉或雪纺面料等，可以搭配裙子、裤子等下装，百搭又可爱。制作时需注意门襟里外顺直，两侧缉褶、袖口收褶均匀顺直，袒领服帖，轻松适宜。适用于年龄11~12岁、身高140cm~145cm的女童。

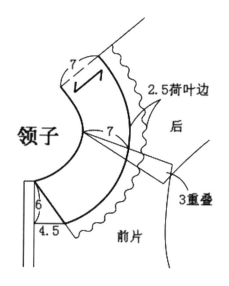

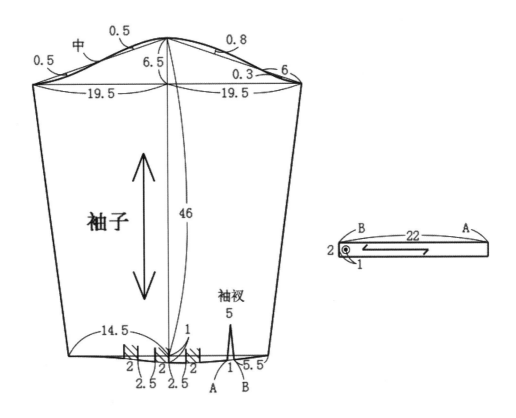

袖子

中

0.5　0.5　6.5　0.8

0.3　6

19.5　19.5

46

B　22　A

2

1

袖衩
5

14.5　1

2　2　2　1　5.5

2.5　2.5　A　B

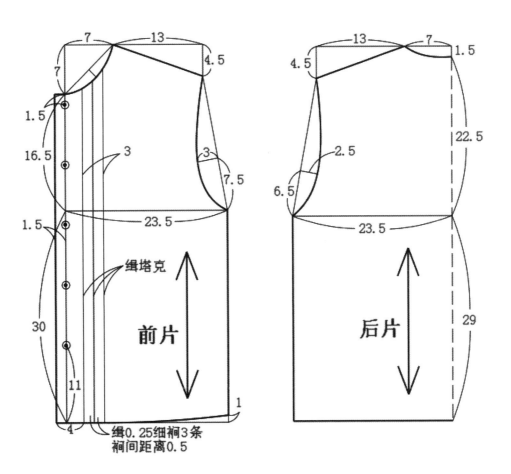

7　13

7　4.5

1.5

16.5　3

3

7.5

1.5

前片

缉塔克

23.5

30

11

1

4

缉0.25细裥3条
裥间距离0.5

13　7

4.5　1.5

2.5

22.5

6.5

23.5

后片

29

47 女大童海军领
长袖衬衫

设计要点

　　V形海军领系于胸前，领边四周镶嵌白色线条，可爱海军风十足，圆装长袖，袖口加袖口边，后中不分开，整体造型简洁大方，可以搭配下摆拼接白色的百褶裙、裤子等服装。建议选用浅色棉布或者细针织的面料，领子面料颜色可选用深色系，与衣身形成鲜明的对比显得更有特点。制作时需注意领子镶边服顺平滑，袖山圆顺，袖口收褶均匀。适用于年龄9～10岁、身高130cm～135cm的女童。

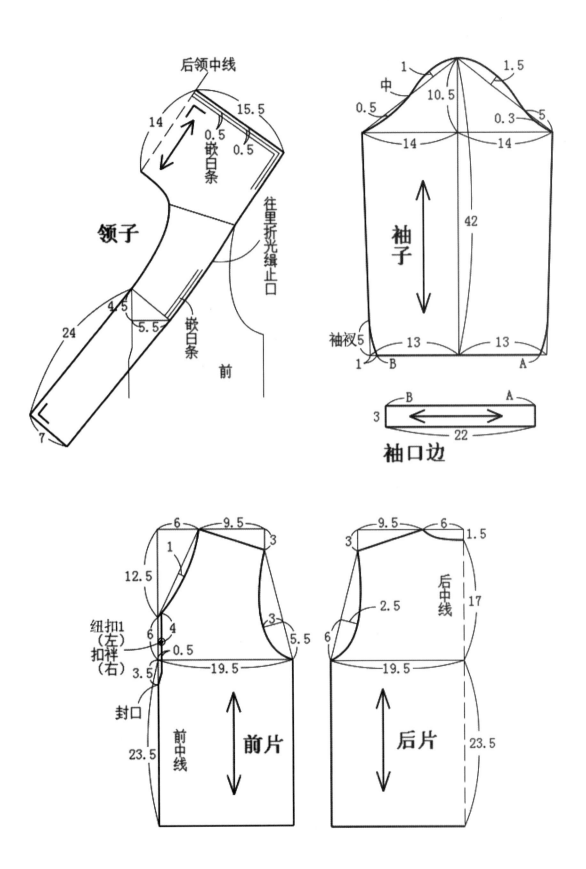

后领中线

15.5

14

0.5

0.5

嵌白条

往里折光缉止口

领子

4.5

24

5.5

嵌白条

7

前

1

中

1.5

0.5

10.5

14

42

14

0.3   5

袖子

袖衩5

13

13

1

B

A

B

A

3

22

袖口边

6

9.5

9.5

6

1

3

3

1.5

12.5

后中线

17

纽扣1（左）
扣袢（右）

6

4

2.5

0.5

6

3

5.5

3.5

19.5

19.5

封口

前中线

前片

后中线

后片

23.5

23.5

48 女大童镶边袒领
长袖衬衫

设计要点

小立领与镶边大袒领是本款长袖衬衫的特色，袒领镶花边更显俏皮可爱，前中开门襟钉五粒扣，圆装长袖，袖口处开衩，接镶花边袖口边与袒领呼应。建议选用棉麻混纺、涤棉混纺面料，门襟面料可以选用和衣身不同的颜色和材质，袒领和袖口花边可选用浅色尼龙面料。制作时需注意门襟缉线顺直，立领服帖，袖山圆顺，袖口装袖口边收褶均匀，尼龙花边平服美观。适用于年龄9~10岁、身高130cm~135cm的女童。

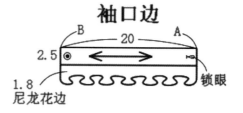

袖口边

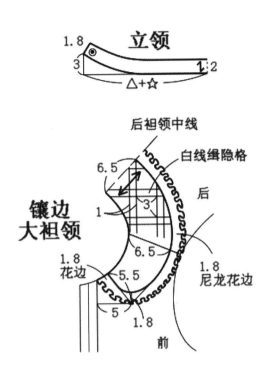

立领

1.8

3

1:2

△+☆

镶边
大袓领

后袓领中线

白线缉隐格

6.5

1

3

后

6.5

5.5

1.8
花边

5

1.8

尼龙花边

前

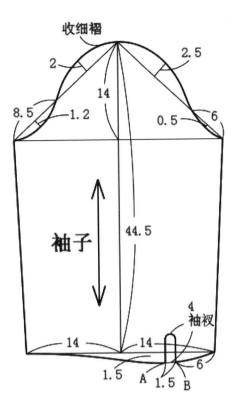

收细褶

2

2.5

14

8.5

1.2

0.5

6

袖子

44.5

4
袖衩

14

14

1.5

A

1.5

B

6

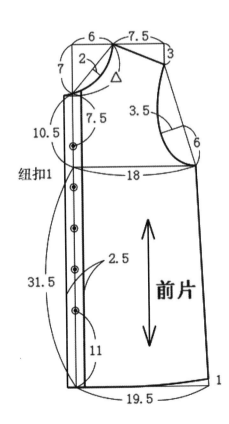

6

7.5

7

2

△

3

7.5

3.5

6

10.5

纽扣1

18

2.5

前片

31.5

11

1

19.5

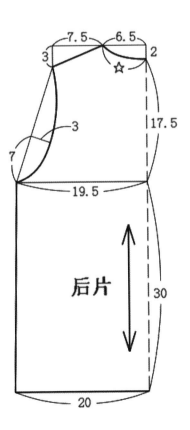

7.5

6.5

3

2

☆

7

3

17.5

19.5

后片

30

20

49 男大童方领长袖合体衬衫

设计要点

一款标准式的衬衫，方领设计，圆装长袖，袖口处开有宝剑头袖衩并装钉扣袖克夫，前中装门襟明贴边并装五粒扣，左侧装贴袋，袖子与衣身都比较合体，穿着比较简单方便，可搭配针织短裤、运动裤。建议采用抗皱性较好的涤棉混纺，或舒适性较好的浅色棉麻面料。制作时需注意领口服帖、对称，门襟、贴袋、下摆缉线顺直流畅。适用于年龄9～10岁、身高130cm～135cm的男童。

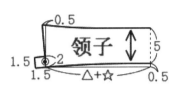

领子

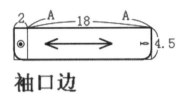

袖口边

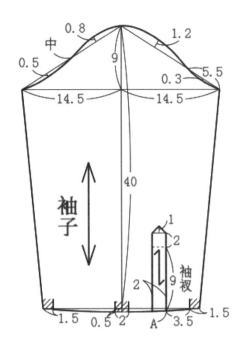

袖子

袖衩

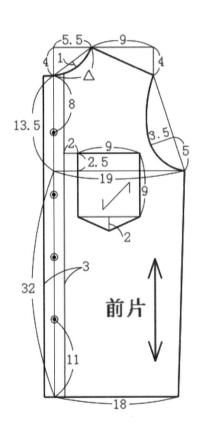

前片

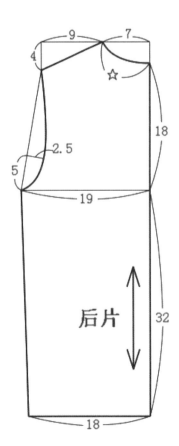

后片

50 男大童方领插肩长袖衬衫

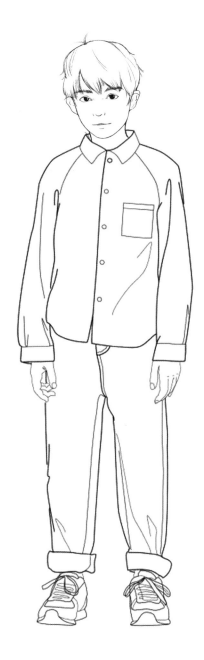

领子

1

6.5

0.5

△+◇+◎

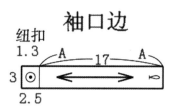

纽扣
1.3

袖口边

A — 17 — A

3

2.5

设计要点

　　小方领设计配以插肩长袖，款式宽松适宜，左侧装方形贴袋，前中装五粒扣子用于闭合及穿脱，开有宝剑头袖开衩，袖口边加纽扣收紧，下摆左右侧缝处做圆弧处理。建议选用质地柔软纯色或格子纯棉面料，可以春夏季搭配七分裤、背带裤穿着。制作时需注意袖窿线顺直，贴袋位置正确，袖口褶裥均匀，缝制衣身圆弧下摆顺滑不卷边。适用于年龄9～10岁、身高130cm～135cm的男童。

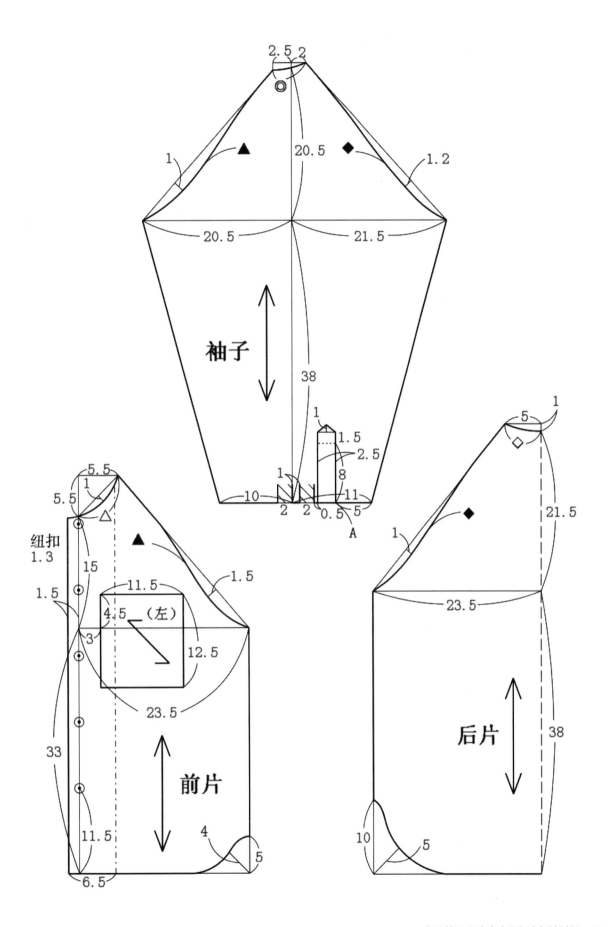

袖子

前片

后片

纽扣
1.3

（左）

秋冬篇

01 女小童短上衣 低腰节裙套装

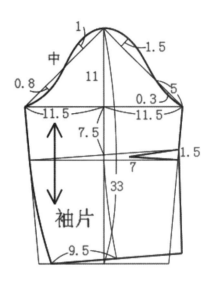

设计要点

　　本款设计采用圆装一片袖，配合腰节较短的外套上衣，U形无领，门襟开衩设计让儿童穿上去感觉更加活泼、天真，下身为低腰百褶小短裙，左右两侧的蝴蝶结衬托出裙子的生动。建议选用质地柔软的浅色毛呢面料，搭配略带波点的面料，突出儿童的天真烂漫，蝴蝶结可用淡粉色。制作时需注意蝴蝶结左右对称，裙子下摆褶裥均匀，袖山圆顺平滑。适用于年龄2~3岁、身高95cm~100cm的女童。

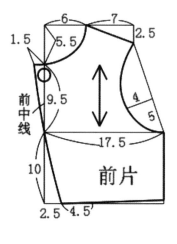

前片

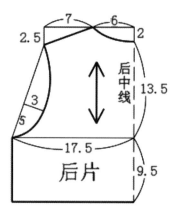

后片

蝴蝶结 (2只)

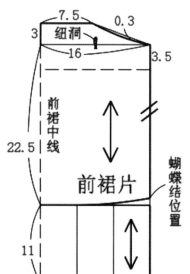

前裙片

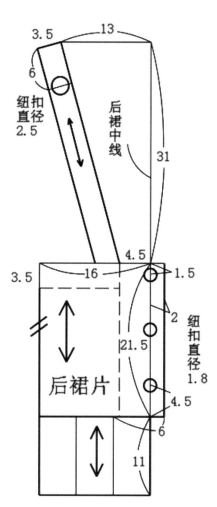

后裙片

02 女小童袒领低腰连衣裙

设计要点

　　大袒领，前开襟，装四粒扣，衣片后中不断开，两侧对称各收一个小腰省，夹缝装饰腰袢，衣身腰部断开，裙片前中后中不断开，裙腰收细褶，装宽松长袖，袖山打褶，袖口装细袖克夫、钉扣眼装钉扣，整体属于宽松型连衣裙，适合外出游玩、活动。建议选用手感松软、保暖性好的格纹或纯色起毛绒面料，装饰腰袢可选用浅色系。缝制时需注意领口服帖，领面不外吐，钉扣位置准确，收褶均匀适中。适用于年龄2~3岁、身高90cm~95cm的女童。

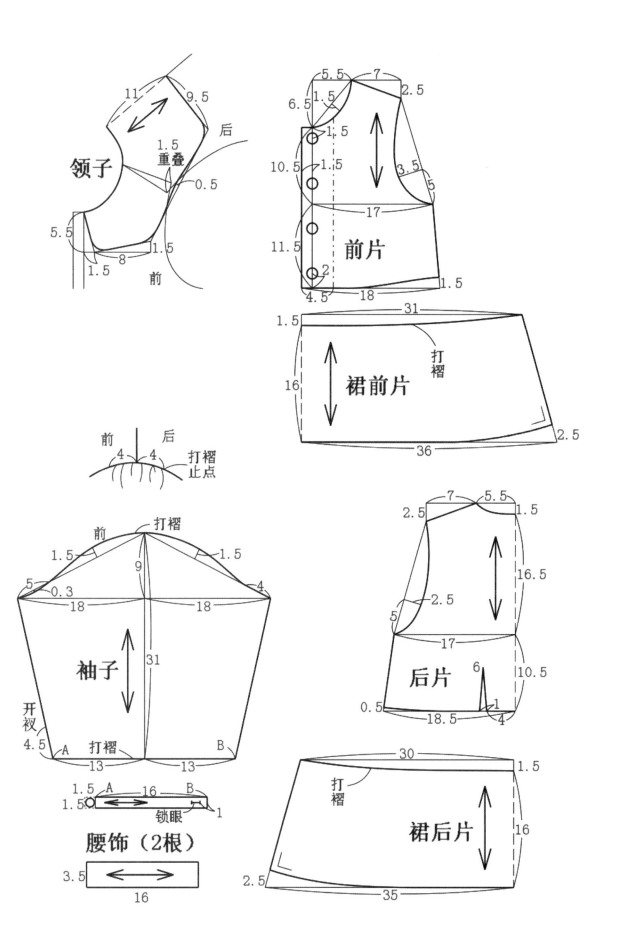

领子

11 9.5
后
1.5
重叠
0.5
5.5
8
1.5
前

5.5 7
1.5
6.5
1.5
1.5
10.5
1.5
3.5
5
17
11.5
前片
2
4.5 18
1.5

1.5 31
打褶
16
裙前片
36 2.5

前 后
4 4
打褶
止点

前
打褶
1.5 1.5
9
5 0.3
4
18 18
袖子
31
开衩
4.5 A 打褶 B
13 13

1.5 A 16 B
1.5
锁眼 1
腰饰（2根）
3.5
16

7 5.5
2.5 1.5
16.5
2.5
5
17
6
后片
10.5
0.5 18.5 1
4

30 1.5
打褶
裙后片
16
2.5 35

03 女小童海军领百褶连衣裙

设计要点

　　方形海军领，领上缉两条白色织带进行装饰，使这件连衣裙更加潇洒，裙身宽松，腰部断开，腰节线以上装饰有门襟贴边，钉金属纽扣，袖子袖口打褶，袖口侧缝4cm开衩，裙身为百褶裙设计。建议选用深色棉布或抗皱性较好的混纺面料。制作时需注意织带缉线顺直，裙子对褶平均，排列有序，袖山圆顺平滑，袖口收褶均匀。适用于年龄2~3岁、身高85cm~90cm的女童。

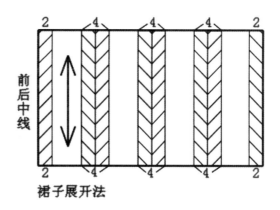

裙子展开法

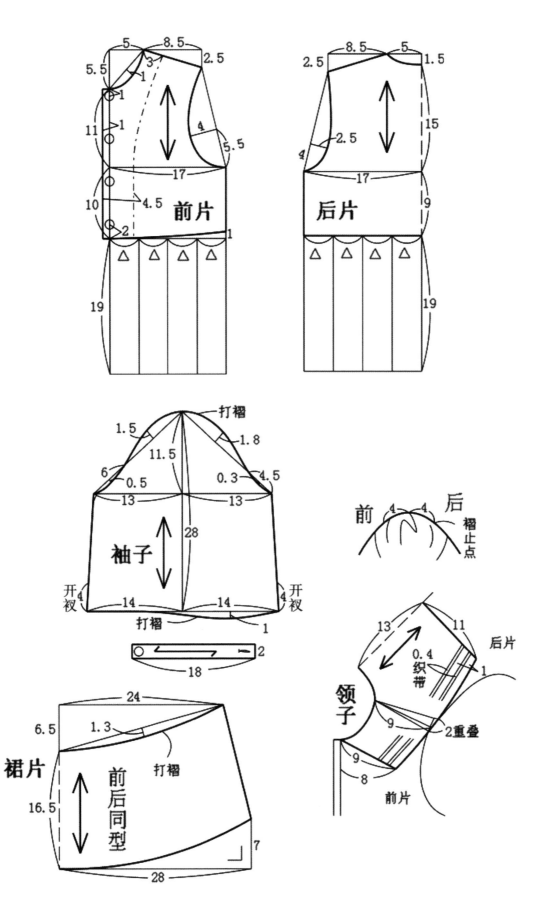

04 女小童荷叶边上衣双层塔裙套装

设计要点

    这是一套时尚洋气、活泼可爱的小套装。圆形无领，右衣片领口装扣袢、左侧装纽扣，荷叶边从领口顺弧形门襟延伸到腰部，后中不断开，下摆夹缝荷叶边，泡泡长袖较宽松，腰头加松紧带，裙片前后片均收细褶，双层塔裙的裙片尖均夹缝荷叶边，与上衣形成呼应，长度及膝。建议选用透气、舒适的印花平绒或柔软亲肤的纯棉面料，荷叶边可选用明度鲜亮的颜色装饰。制作时需注意各部位缉线顺直流畅，荷叶边、裙边、袖山收褶均匀自然，腰头松紧带松紧适宜，前门襟缝制时勿拉扯。适用于年龄2~3岁、身高85cm~90cm的女童。

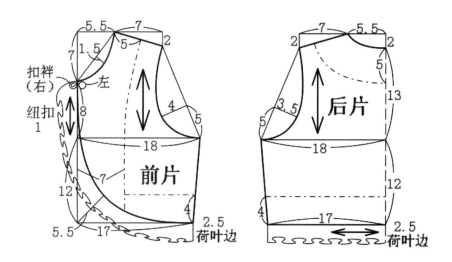

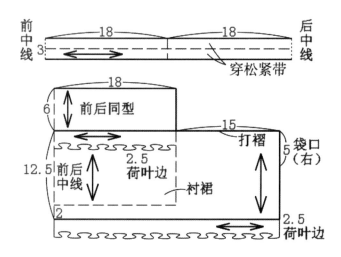

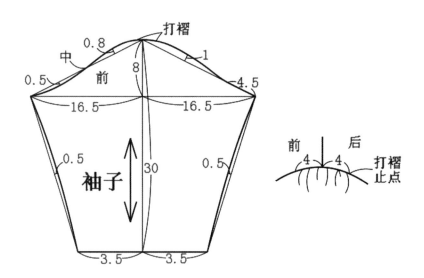

05 女小童高腰休闲背带裤

设计要点

　　这是一款高腰兜兜裤，适用于年纪较小的儿童，裤片内侧缝装八粒摁扣，方便穿脱，高腰宽松版型符合这一时期的儿童着装需要，侧缝装斜挖袋，裤子右前片装有带盖风琴贴袋，后装对称装饰贴袋，既实用又美观，可以在前胸贴缝装饰贴布。建议选用质地较厚的纯棉、灯芯绒面料。制作时需注意钉扣位置准确对称，挖袋造型美观，各部位缉双明线。适用于年龄2~3岁、身高85cm~90cm的女童。

袋布

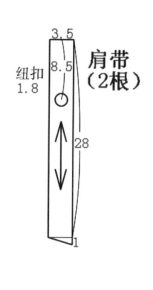

肩带
(2根)

前袋布
(右)

纽扣
1.5

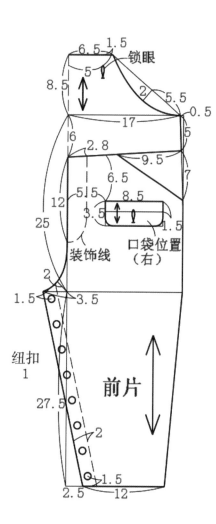

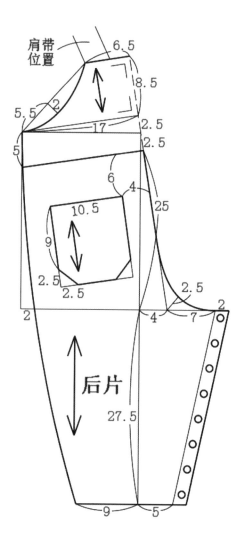

06 女小童长袖圆领裙套装

袖子

前
中
0.8
1
0.5
8
0.3
6
14.5
14.5
30
10
10

设计要点

　　U形圆领设计，上衣呈对襟形态，门襟下摆做圆弧设计更显俏皮可爱，前片对称各有一个袋盖做装饰，后中不断缝，装圆形长袖；下身为育克短裙，后片腰头穿松紧带，配有两条背带；可搭配娃娃领衬衫、长筒针织袜等。建议选用浅色、纯色或略带碎花的质地较厚、挺括的纯毛毛呢、混纺毛呢面料。制作时需注意各部位缉线要顺直，领口服帖，袖山圆顺，后腰松紧带松紧适宜、袋盖对称美观。适用于年龄2~3岁、身高90cm~95cm的女童。

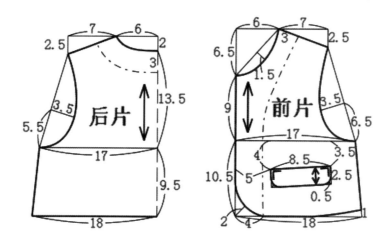

后片

7 6
2.5   2
3
13.5
3.5
5.5
17
9.5
18

前片

6 7
6.5   3   2.5
1.5
9
3.5
6.5
17
4 8.5 3.5
10.5 5 2.5
0.5
2 4 18 1

背带（2根）

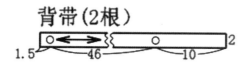

1.5   46   10   2

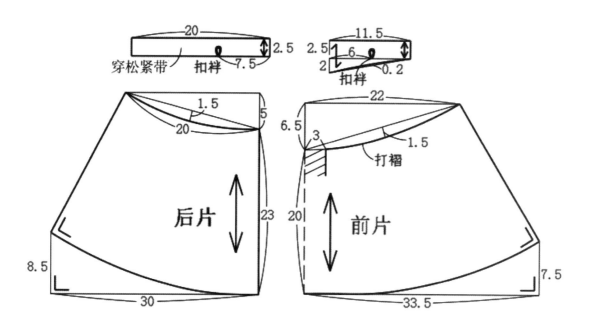

20
2.5
穿松紧带   扣袢   7.5

11.5
2.5
6
2
扣袢   0.2

后片

1.5
5
20
23
8.5
30

前片

22
6.5
3
1.5
打褶
20
7.5
33.5

07 女小童无领夹克短裤套装

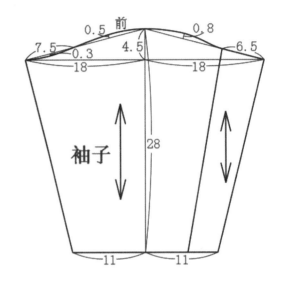

设计要点

　　U形贴边领，衣片前开襟，装四粒扣，对称装异形大贴袋，后片不断开，背部贴缝装饰布，后腰装环形装饰腰袢，圆装宽松长袖，后袖片纵向分割，下身为短裙裤，腰部穿松紧带，侧缝装挖袋，后片有两个对称装饰贴袋，整体宽松舒适。建议选用厚棉布或者斜纹布。制作时需注意，贴边领圆顺服帖，袖窿缝制勿扯拽，松紧带松紧适宜，钉扣、扣眼位置准确。适用于年龄2～3岁、身高95cm～100cm的女童。

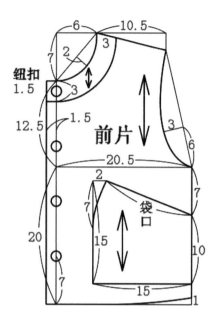

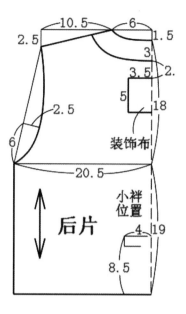

纽扣
1.5

6　10.5

2

3

7

3

12.5　1.5

前片

20.5

2

袋口

7

15

15

3

6

7

10

20

7

1

2.5　10.5　6　1.5

3

3.5　2.

5　18

装饰布

2.5

6

20.5

后片

小祥
位置

4　19

8.5

扣祥

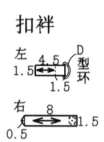

左
1.5

4.5　D
型
环
1.5

右

8

0.5　1.5

袋布

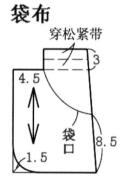

穿松紧带

4.5

3

袋口

1.5　8.5

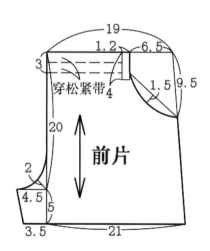

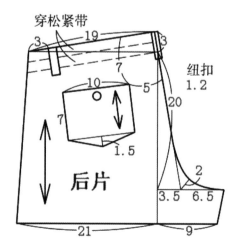

19

1.2　6.5

3

穿松紧带
4　1.5　9.5

20

前片

2

4.5

5

3.5　21

穿松紧带

3　19　3

7

纽扣
1.2

10　5

20

7

1.5

后片

2

3.5　6.5

21　9

08 小童休闲 兜兜背带裤

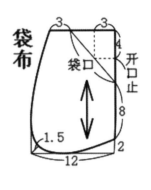

袋布

3　3

4

袋口　开口止

8

1.5

2

12

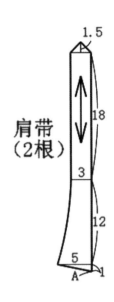

1.5

肩带
（2根）

18

3

12

5

A　1

设计要点

　　前片中间不断开，中间装饰异形贴袋，两侧装饰腰裥，前片裤腰断开合缝，裤腰收细褶，前片膝盖贴缝两片大贴布，实用耐磨又能装饰点缀，侧缝装斜挖袋，后片腰部不断开，各装一个贴袋，裤口装宽贴边，臀围与裤脚相差较大，整体外观呈O形，是一款宽松舒适、男女皆宜的背带裤。建议选用纯色系细条绒面料或者厚质地的纯棉布，裤口贴边可选用颜色鲜明的面料装饰。制作时需注意钉扣、腰裥位置正确，贴袋缉缝线顺畅平服，收褶均匀美观。适用于年龄2～3岁、身高95cm～100cm的男、女童。

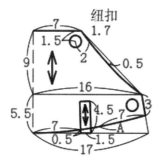

纽扣 1.7

7
1.5
9
2
0.5
16
5.5
4.5
7
3
7
A
0.5
1.5
17

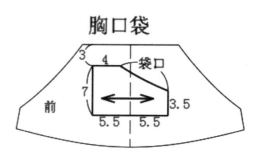

胸口袋

3
4
袋口
7
前
3.5
5.5
5.5

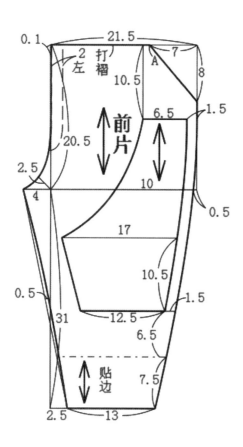

0.1
21.5
2 打褶
左
7
A
10.5
8
6.5
1.5
前片
20.5
2.5
10
4
0.5
17
10.5
0.5
1.5
31
12.5
6.5
贴边
7.5
2.5
13

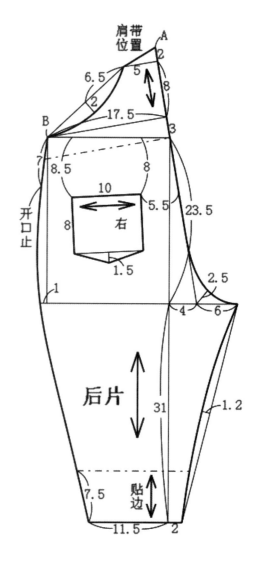

肩带位置
A
6.5
5
2
2
8
17.5
B
3
7
8.5
8
开口止
10
5.5
23.5
8
右
1.5
1
4
6
2.5
后片
31
1.2
7.5
贴边
11.5
2

09 女小童方形袒领A形裙

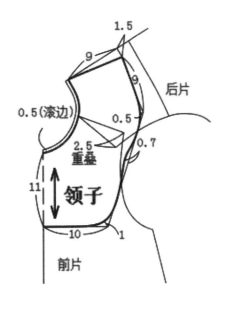

1.5
9
9
后片
0.5（滚边）
0.5
2.5
重叠
0.7
11
领子
10
1
前片

设计要点

方形袒领设计，后领开口，领片上可穿缎带装饰，装圆形长袖，衣片胸部断开，裙片需用展开法放量后得到最终裙片，整体呈现可爱活泼的A字形。建议选用易塑形且抗皱性较好的混纺面料，如格纹涤棉、棉麻混纺面料，领面可选用浅色系，装饰缎带可选深色系。制作时需注意侧缝顺直，袖山圆顺，裙摆波浪均匀美观。适用于年龄2～3岁、身高95cm～100cm的女童。

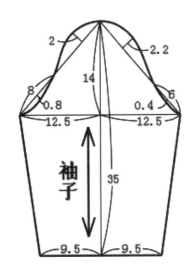

2
2.2
8
14
6
0.8
0.4
12.5
12.5
袖子
35
9.5
9.5

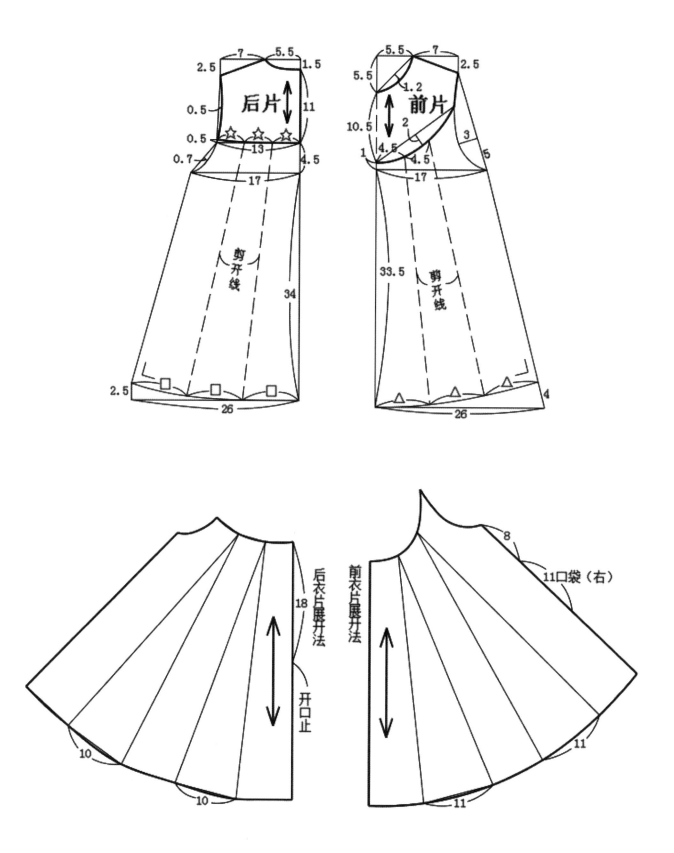

10 女小童双排扣马甲中长裤套装

设计要点

    双排四粒扣设计，后片有纵向分割并在下摆处有开衩，装有装饰腰袢，上衣无袖设计，右前片有装饰口袋；裤子腰部穿松紧带，前裤片装有圆角贴袋，裤脚口处要收细裥。建议以羊毛与涤纶混纺面料为主，挺阔舒适、不易出现褶皱。制作时需注意腰部穿进的松紧带两端缝牢，袋布位置准确，缝纫线条美观流畅。适用于年龄2～3岁、身高95cm～105cm的女童。

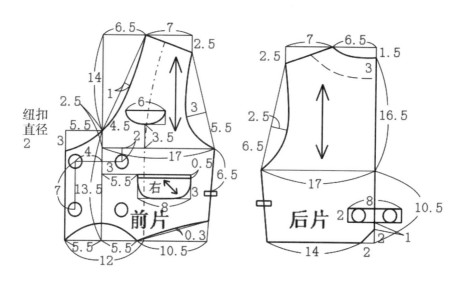

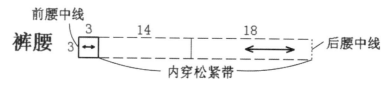

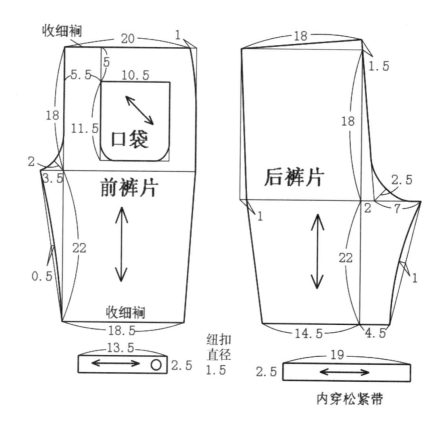

11 女小童娃娃领 插肩袖大衣

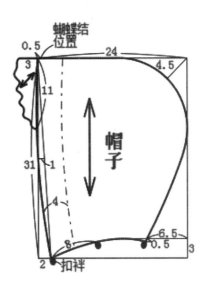

蝴蝶结位置

0.5
3
11
31
1
4
8
扣袢
2
帽子
24
4.5
6.5
0.5
3

装饰花（2个）

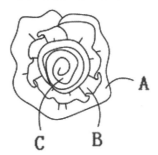

A
C
B

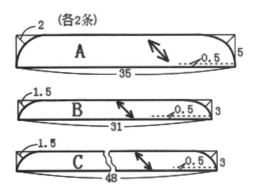

2
（各2条）
A
0.5
5
35

1.5
B
0.5
3
31

1.5
C
0.5
3
48

设计要点

双肩部位装饰有布艺蔷薇花和褶边，大衣里子可选人造毛，冬天穿着非常暖和。娃娃领，门襟装五粒扣，胸前断开，衣身收细褶，侧缝装插袋，插肩袖，袖口穿松紧带，育克配荷叶边和装饰花，帽子装扣袢与衣身相连，可拆卸。建议选用颜色鲜亮明快的纯色精仿毛呢、华达呢面料。制作时需注意领子服帖不起翘，钉扣、扣袢位置准确，装饰花造型美观，收细褶均匀自然，松紧带松紧适宜。适用于年龄3～4岁、身高100cm～105cm的女童。

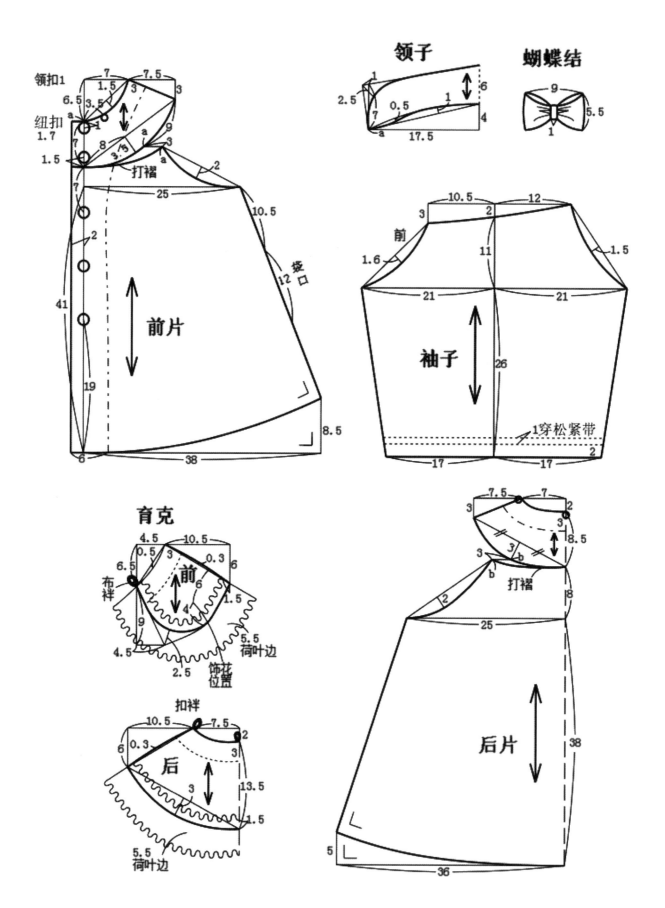

领子 蝴蝶结

领扣1
纽扣
1.7

前片

袖子

育克
前
后

后片

12 小童翻领连帽
防风大衣

设计要点

　　圆形的翻领，圆装宽松长袖，前对开襟，左右系木扣袢，宽门襟有益于冬天防风保暖，扣子采用尼龙搭扣和宽大的门襟呼应，前片对称装有带盖挖袋，后中不断开、装装饰腰袢，帽子装扣袢与衣身相连，可拆卸，这款大衣男女均可穿着，无论天气多么寒冷，都会感觉到温暖。建议选用格纹棉毛混纺、复合绗棉面料。制作时需注意各部位缉线顺直，门襟平服，木扣、袢美观对称，袖子造型饱满。适用于年龄2~3岁、身高85cm~90cm的儿童。

后腰袢

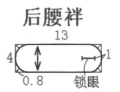

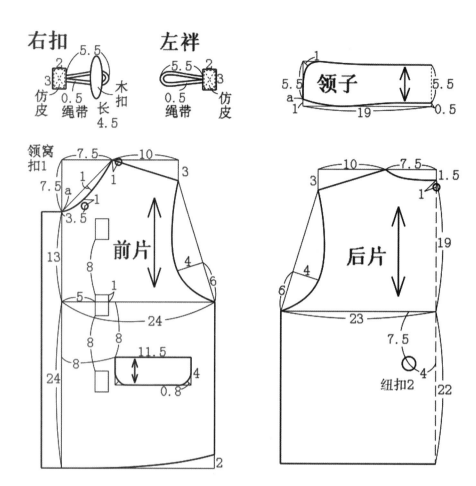

右扣　左袢

5.5
2
3　仿皮　0.5　木扣　长
仿皮　绳带　4.5

领子
1
5.5　　19　　5.5
a
1　　0.5

领窝扣1
7.5　　10
1
7.5　　1
a
1
3.5
13
前片
8
1
5　4
24　6
8　8
11.5
8　4
24　0.8
2

10　7.5
3　1.5
1
后片
19
4
6
23
7.5
纽扣2　4
22

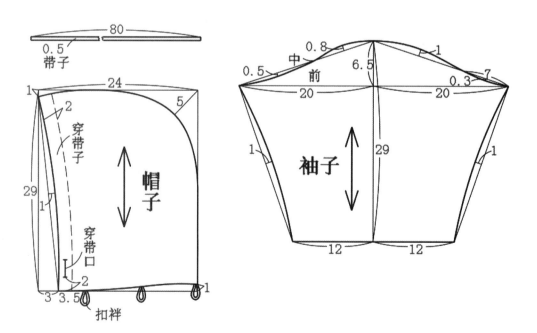

80
0.5
带子

24
1　2
穿带子
5
帽子
29
1
穿带口
2
3　3.5　1
扣袢

0.8
中
前　6.5
0.5　20　20　0.3　7
1　1
袖子
29
12　12

13 小童宽松连帽套装

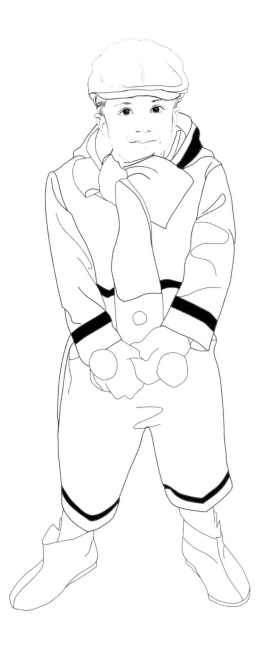

设计要点

　　简单的连帽套装，上衣采用宽腰式的设计，圆装袖，前面开襟，装三粒扣，前身大袋位置装明贴袋增加实用性；裤子腰部穿松紧带，左右两边设有挖袋；帽边、袖口、贴袋、裤口处装有深色装饰布条。建议选用抗皱性好、耐穿抗磨的纯色涤棉混纺面料，装饰布条颜色应与衣身颜色区别开。制作时需注意贴袋左右对称，袖山圆顺，腰部松紧带松紧适宜，装饰布带缉线顺直。适用于年龄2~3岁、身高85cm~90cm的男、女童。

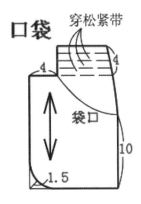

口袋

穿松紧带

4　　4

袋口

10

1.5

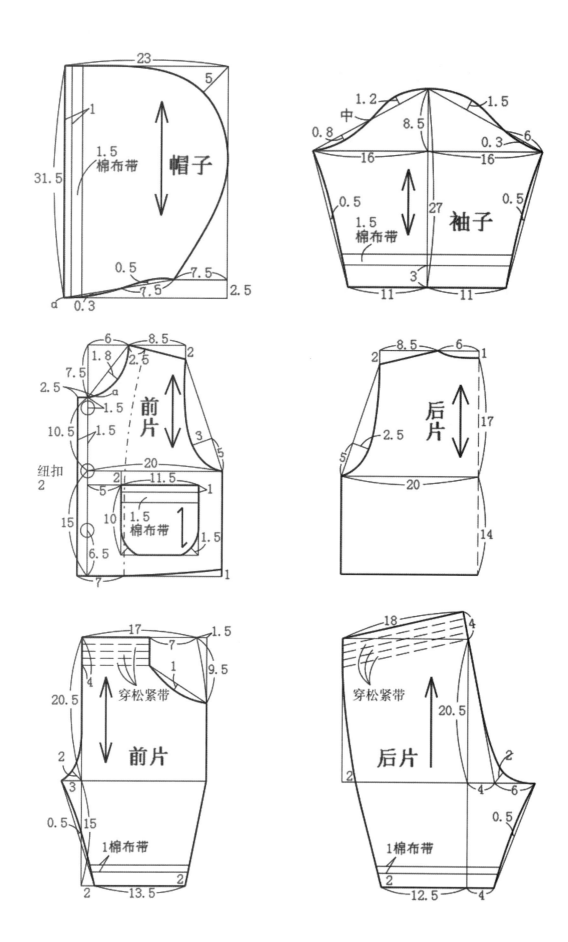

14 男小童休闲连体工装裤

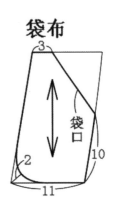

袋布

设计要点

　　一套简便宽松的连体工装服，非常适合儿童春秋季节外出亲近自然、探索自然时穿着。方角衬衫领，前中对开装拉链，右侧装门襟、钉扣，左前胸缝贴袋，装宽松长袖，袖口装松紧带，侧缝装环形扣袢，腰部断开合缝，裤前片腰部打褶，装斜挖袋，后片装两个贴袋，裤内侧缝各钉四粒扣，方便穿脱。建议选用牢固耐磨、硬挺的牛仔或色彩明快的坚固呢面料。制作时需注意门里襟里外顺直，松紧带松紧适宜，贴袋对称美观，钉扣位置准确。适用于年龄2～3岁、身高85cm～90cm的男童。

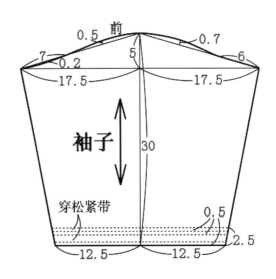

袖子

门襟布 小袢

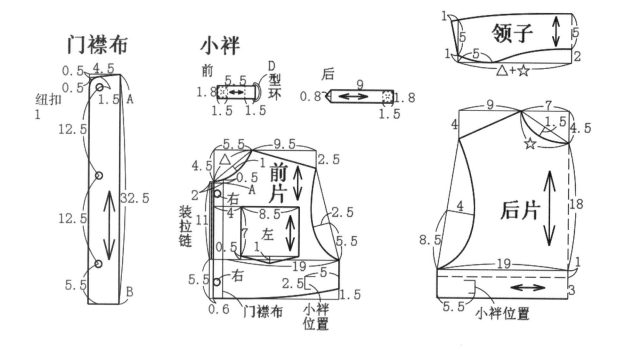

领子

前片

后片

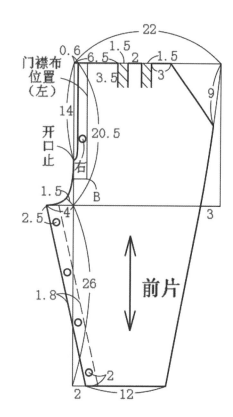

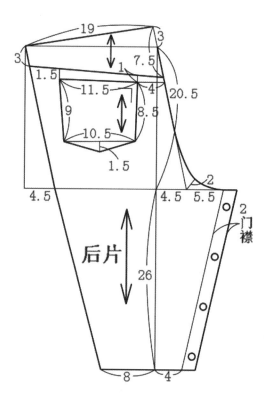

前片

后片

15 男小童马甲连衣裤

设计要点

　　上衣采用圆形无领、无袖设计，前片腰节处断开，在侧缝处有弧形贴袋，后片裤腿处有弧形分割，脚口处穿松紧带，腰部分割处有拼接，缝合处要收细褶，注意褶的大小要均匀、平服，股下两侧裆缝到裤脚边用揿扣设计，便于儿童活动、穿脱。建议选用纯棉斜纹布或者质地较软的牛仔布面料。制作时腰节打褶要匀称，后片的弧形拼合处缝纫要圆顺，外形美观。适用于年龄2～3岁、身高90～95cm的男童。

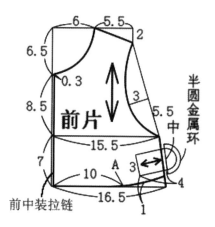

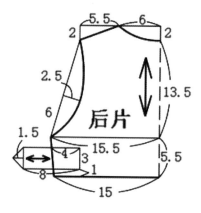

口袋

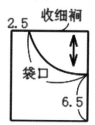

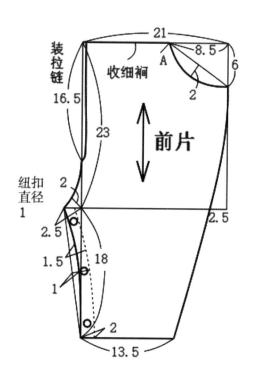

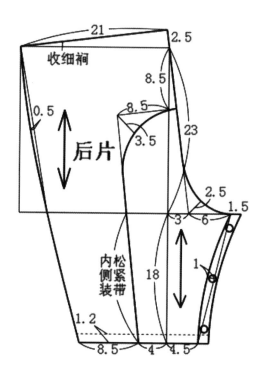

16 男小童贴袋育克宽松长裤

设计要点

　　腰部采用穿松紧带设计，左前片侧缝横裆处贴有一只装饰性小贴袋，腰部装饰扣，前片左右各一个弧形口袋，后片育克分割设计，增加裤子合体度，外观更加立体，两个尖角形贴袋，裤脚口缩小，搭配色彩明快的卫衣、长袖外套作为秋季的便装，随意又富有个性。建议选用条纹印花的劳动布或者水洗牛仔布面料。制作时需注意松紧带松紧适宜，插袋口平服不外吐，门襟装饰线顺直不断线，裆弯缝制时勿拉扯。适用于年龄2～3岁、身高95cm～100cm的男童。

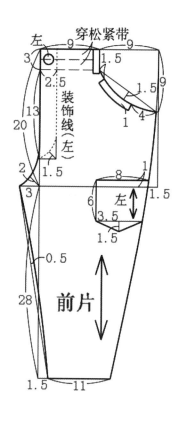

前片

穿松紧带
左
装饰线（左）

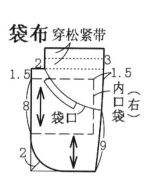

袋布 穿松紧带

内口袋（右）

袋口

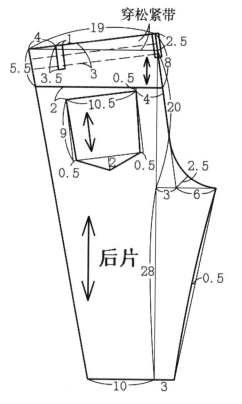

穿松紧带

后片

17 男小童分割插袋背带裤

设计要点

　　这款背带裤的特别之处在于它的分割设计，腰部不对称分割打破传统。前胸贴缝装饰大贴袋，腰部分割设计，前片裤腰各收三个褶裥，使裤子更宽松，门襟处装拉链做装饰，侧缝装斜挖袋，裤脚口缝贴边，穿着时可以卷边显得更时尚。建议选用纯色灯芯绒或者粗棉布制作，看起来会更有质感。制作时需注意褶裥排列整齐，各部位缉线顺直平滑，装饰袋位置准确端正。适用于年龄3～4岁、身高100cm～105cm的男童。

袋布

前装饰
袋盖（右）

后装饰
袋盖（左）

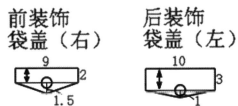

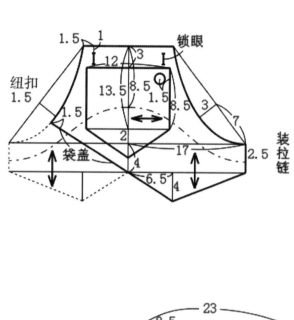

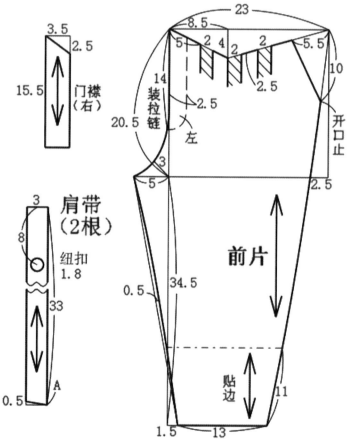

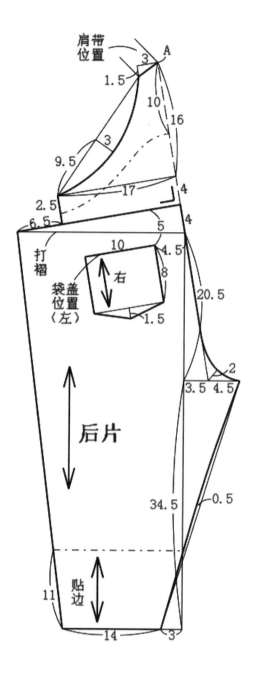

18 男小童翻驳领小西服套装

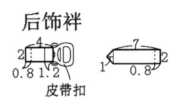

后饰袢

皮带扣

设计要点

　　小西服套装设计，西装翻驳领，对襟装三粒扣，并设有手巾袋，三开身，侧缝处对称各有一个装饰袋盖，装合体两片袖，下身五分短裤，裤口有卷边，侧缝插袋，后片装有袋盖的插袋，腰头穿松紧带，装串带袢，右前第一个串带袢下面装饰袢，并钉扣。建议选用质地略薄的格纹精仿毛呢面料，短裤可选用纯色质地较厚的纯棉、涤棉混纺面料。制作时需注意各部位缉线顺直流畅，领子服帖不外吐、驳头左右对称，口袋位置对称，上衣底边弧线圆顺，短裤插袋斜丝勿扯拽。适用于年龄2~3岁、身高85cm~90cm的男童。

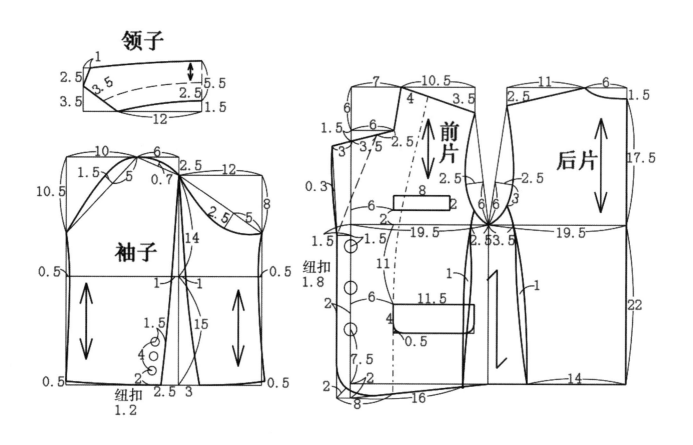

领子

袖子

纽扣
1.2

前片

后片

纽扣
1.8

装饰袢
（右前）

纽扣
1.3

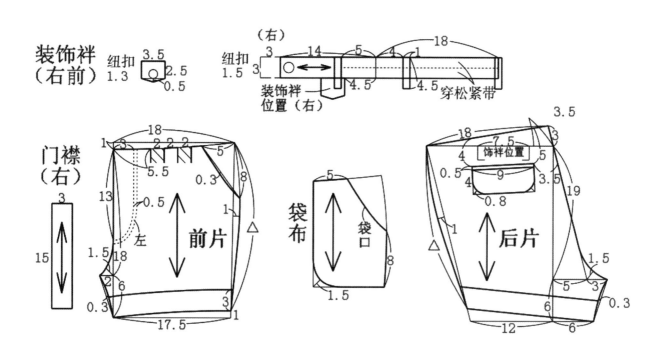

（右）

纽扣
1.5

装饰袢
位置（右）

穿松紧带

门襟
（右）

前片

左

袋布

袋口

后片

饰袢位置

19 女中童袒领泡泡长袖裙衫

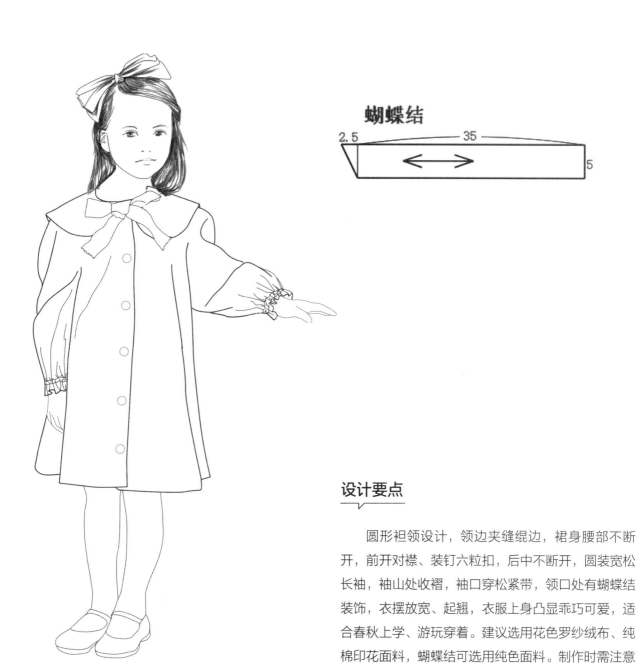

蝴蝶结

2.5 ← 35 → 5

设计要点

圆形袒领设计，领边夹缝绲边，裙身腰部不断开，前开对襟、装钉六粒扣，后中不断开，圆装宽松长袖，袖山处收褶，袖口穿松紧带，领口处有蝴蝶结装饰，衣摆放宽、起翘，衣服上身凸显乖巧可爱，适合春秋上学、游玩穿着。建议选用花色罗纱绒布、纯棉印花面料，蝴蝶结可选用纯色面料。制作时需注意各部位缉线顺直流畅，领口平服不外吐，前中门襟端正，袖山圆顺，收褶均匀美观。适用于年龄4～5岁、身高105cm～110cm的女童。

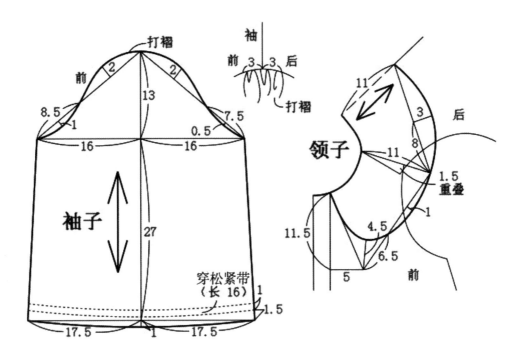

打褶

前 2 13 2

8.5 1 7.5

16 16 0.5

袖子

27

穿松紧带
〈长 16〉 1
1.5

17.5 1 17.5

袖
前 3 3 后

打褶

领子

11

11 3 后

8

11

1.5
重叠

1

11.5 4.5

5 6.5

前

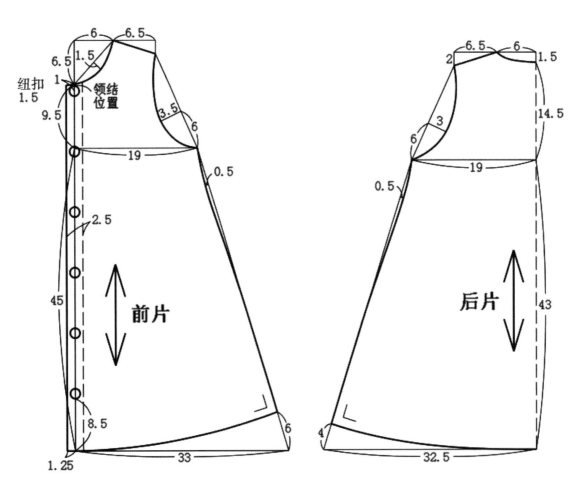

6 6.5

6.5 1.5

纽扣
1.5

1 领结
位置

9.5

3.5

19 6

0.5

2.5

45

前片

8.5

1.25 33 6

6.5 6 1.5

2

3

6 14.5

0.5 19

后片

43

4 32.5

20 女中童V领宽松短外衣

设计要点

V领，前开对襟，装四粒扣，圆角衣下摆，前片两边对称装方形贴袋，后片不分开，圆装宽松长袖，胸前可佩戴装饰徽章，再搭配一顶贝雷帽，洋气又可爱，这是一款非常简单但是非常受欢迎的短呢上衣。建议选用英格兰呢、花色粗呢等面料。制作时需注意若使用格纹面料需对条对格，各部位缉线顺直流畅，贴袋缝制无断线，袖窿、衣片圆角下摆缝制时勿拉扯。适用于年龄5~6岁、身高110cm~115cm的女童。

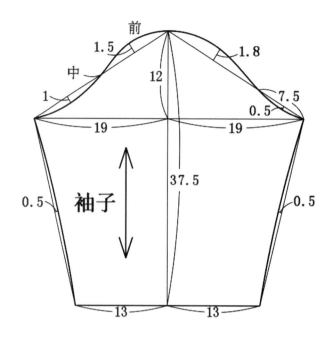

前
中
1.5
1.8
1
12
7.5
0.5
19
19
37.5
0.5
袖子
0.5
13
13

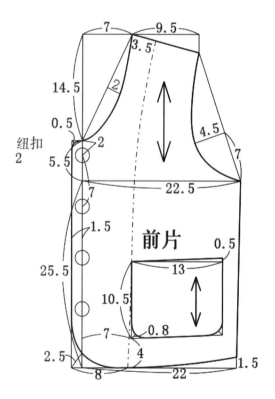

7
9.5
3.5
2
14.5
4.5
0.5
7
纽扣
2
2
5.5
7
1.5
前片
0.5
25.5
13
10.5
0.8
7
2.5
4
1.5
8
22
22.5

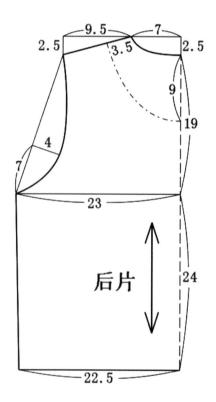

9.5
7
2.5
3.5
2.5
9
19
4
7
23
后片
24
22.5

21 女中童袒领
宽松大衣

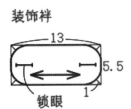

装饰袢

13

5.5

锁眼

1

设计要点

　　圆形大袒领，领周可缝制装饰花纹，对襟四粒扣，衣身装斜插袋，袋盖为圆弧形，衣身下摆为圆弧形，宽松两片袖，装垫肩，袖口处钉扣装饰，后中断开腰节处装有装饰袢，整体舒适宽松，简约大方，装饰小细节凸显童装俏皮活泼。建议选用浅色系、质地较厚的精纺毛呢、粗花呢面料。制作时需注意领子、袋盖边缘用毛线坝针装饰，装饰线与衣身颜色相符，袋盖位置对称，袖山、门襟下摆圆顺服帖，袖子分割线缝制时勿拉扯。适用于年龄5～6岁、身高110cm～115cm的女童。

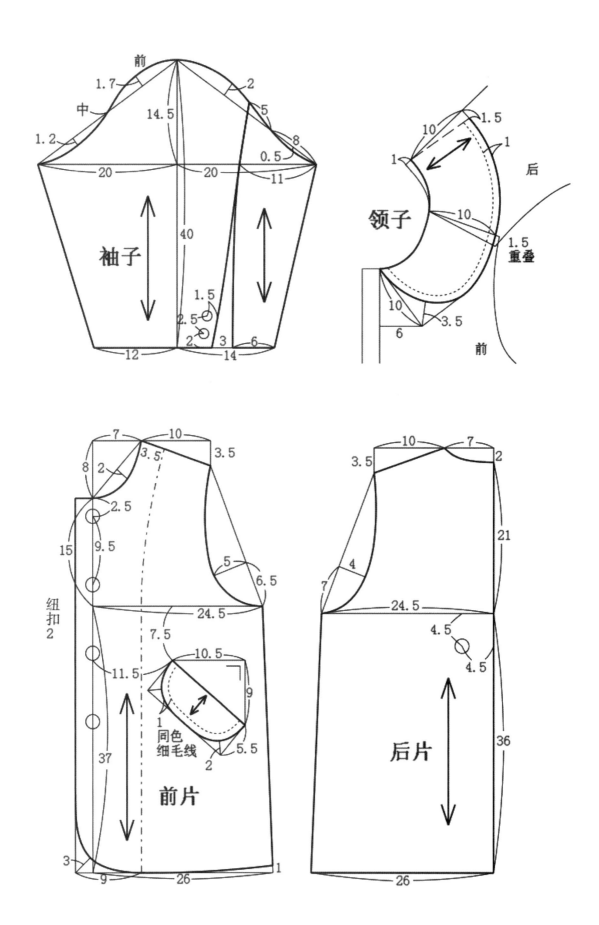

袖子

领子

后

1.5
重叠

前

前片

后片

同色
细毛线

纽扣
2

22 女中童披肩领宽松长袖外套

设计要点

　　连身披肩领，领面后中不断开，装四粒装饰扣，把领子后边的扣子扣上可变成一个遮风帽，实用美观，上衣前开门襟，装三粒木扣，前片对称装圆角大贴袋，后中不断开，腰围处装装饰蝴蝶结，圆装宽松长袖，下摆略收拢。建议选用质地较厚的双面羊绒、粗花呢面料。制作时需注意领子端正美观、左右对称，门襟顺直不翘角，木扣装钉准确，袖子袖窿有1cm～1.5cm的吃势。适用于年龄5～6岁、身高110cm～115cm的女童。

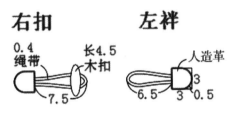

右扣　　　　　左袢
0.4 绳带　长4.5 木扣　　　人造革
7.5　　　　　6.5　3　3 0.5

蝴蝶结
12.5
6
1.5

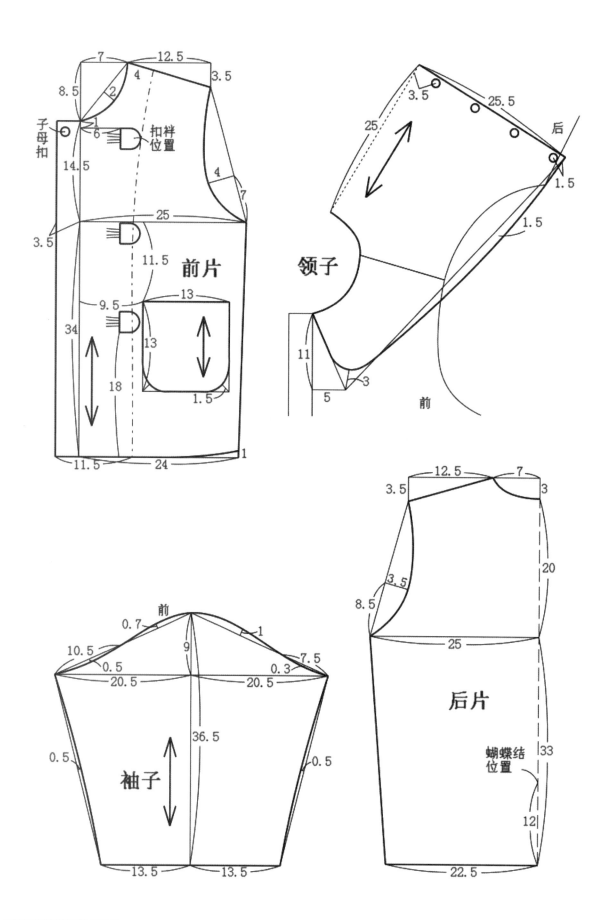

前片

领子

前

后

袖子

子母扣

扣袢位置

蝴蝶结位置

后片

23 女中童公主线分割式连帽大衣

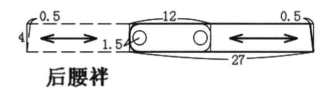

后腰袢

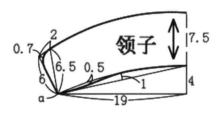

设计要点

　　优美的中长款大衣，下摆呈牵牛花形，带有一个小风帽（可拆卸），装泡泡袖，圆形小翻领，领口装有蝴蝶结，公主线分割设计，并在公主线上加以纽扣装饰，纽扣以下是开衩设计，衣身前后片缝合处设有插袋，背面装有腰袢，非常适合冬季外出穿着。建议选用挺括舒适的纯色精仿毛呢面料。制作时需注意各部位缉线顺直，衣身公主线处用双明线缝制，袖山圆顺，褶裥均匀对称，后腰袢位置准确美观。适用于年龄5～6岁、身高110cm～115cm的女童。

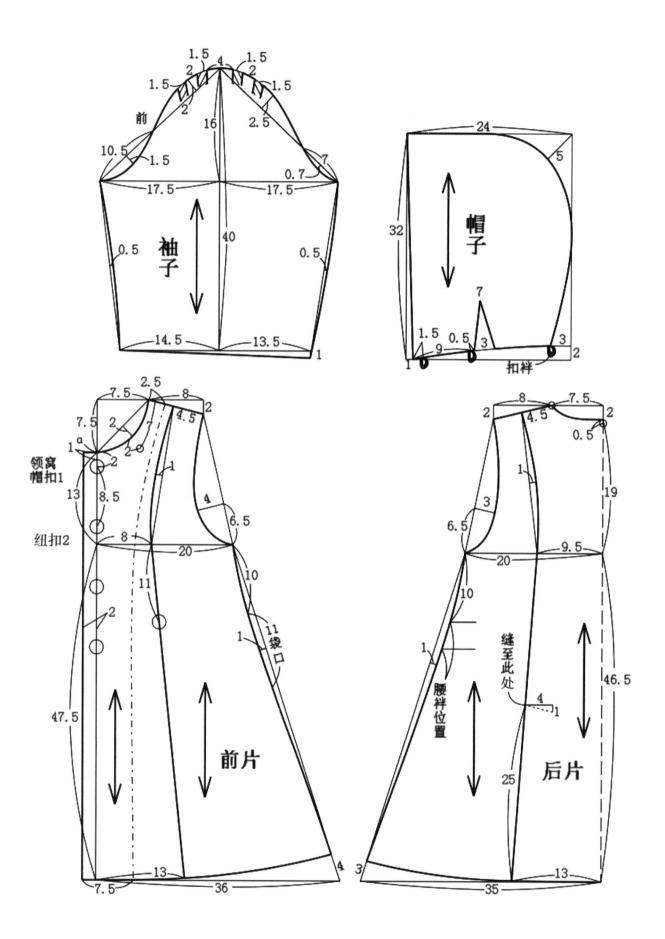

前

袖子

帽子

扣袢

领窝
帽扣1

纽扣2

袋口

前片

腰袢位置

缝至此处

后片

24 女中童经典双排扣大衣

设计要点

　　经典的方形翻领设计，前开对襟，双排扣，前衣身左右对称装开袋，后中不断开，腰部有装饰祥，小型泡泡袖，袖山对称收褶，袖口有翻边，这是一款非常经典的A形大衣，简约而不简单。建议选用纯色或格纹毛呢混纺、精仿毛呢面料，袖口翻边和领子采用与大身颜色不同的面料。制作时需注意开袋的位置高低对称，领子领角对称，袖口翻边要平服不外翘，若选用格纹面料，衣身格子需左右对称。适用于年龄5～6岁、身高110cm～115cm的女童。

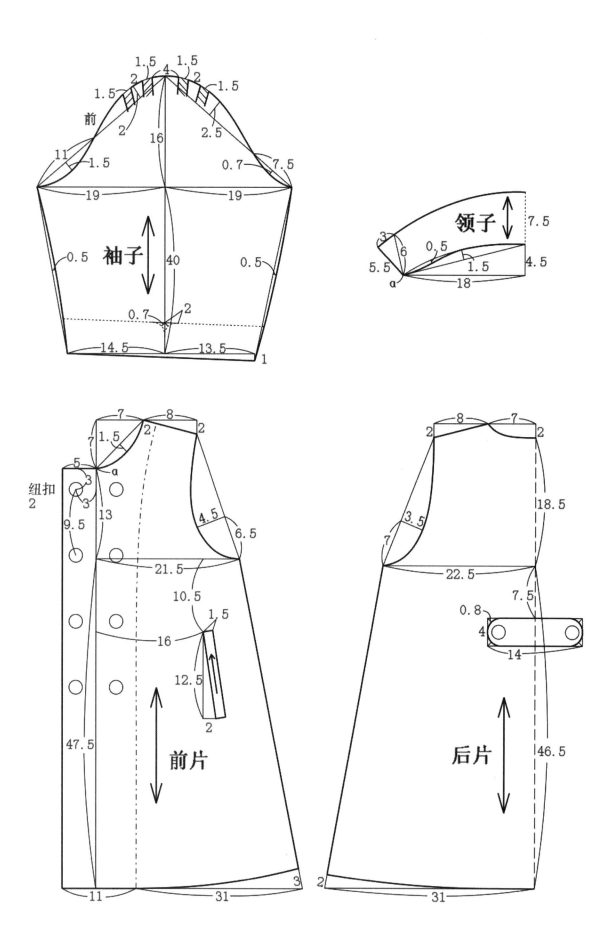

袖子

领子

前

纽扣
2

前片

后片

25 女中童拉链宽松背带裤

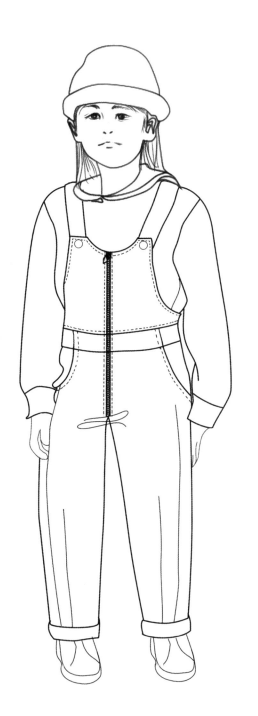

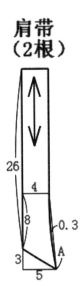

肩带
（2根）

26

4

8 0.3

3 A

5

设计要点

　　衣片、裤片前中断开装长拉链，缉明线作为装饰，前胸各装订一个肩带扣，腰部断开，两侧装挖袋，衣片后中不断开，腰部上下断开做腰头，并装装饰腰袢，可以调节松紧程度，裤身两个斜插袋缉明线，后身两个贴袋，肩带处装有调节卡可以调节肩带长短。建议选用深色灯芯绒或者针织面料。制作时需注意缉缝拉链平服不起皱，腰袢位置准确，侧缝缝合平滑无断线，各部位缉双明线。适用于年龄5~6岁、身高110cm~115cm的女童。

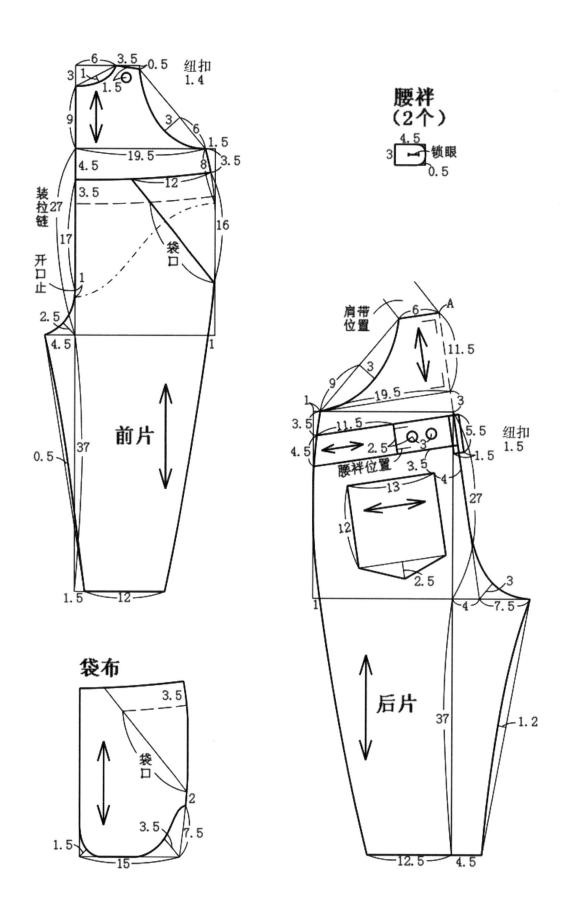

纽扣
1.4

腰袢
（2个）

4.5
3 锁眼
0.5

6 3.5 0.5
3 1
1.5
9
3 6
1.5
19.5 8 3.5
4.5 3.5
12
装拉链 3.5 27
16
17 袋口
开口止 1
2.5
4.5 1
0.5 37
前片
1.5 12

肩带位置 6 A
9 3 11.5
1 19.5 3
3.5 11.5 5.5
4.5 2.5 3 1.5 纽扣 1.5
腰袢位置 3.5 4
13 27
12
2.5 4 7.5
1 3
后片
37 1.2
12.5 4.5

袋布
3.5
袋口
2
3.5 7.5
1.5
15

26 女中童大贴袋
茧型背带裙

设计要点

　　前中不断开，胸前各钉一粒扣固定背带，衣身两侧装方形大贴袋，后中不断开，背带衣身相连，后背呈深U形，两侧臀部向外略弧，裙身整体轮廓呈O形，这是一款非常简单实用的连身背带裙，可搭配长袖毛衣日常穿着。建议选用中厚型粗毛呢、华达呢面料，可以选纯色系，也可选格子花型。制作时需注意衣身线条流畅、左右对称，贴袋平服不翘边，服装整体形态端正。适用于年龄5～6岁、身高110cm～115cm的女童。

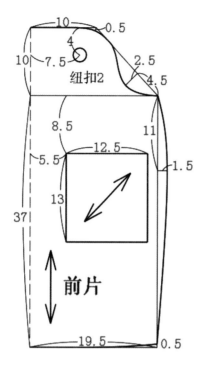

纽扣2

前片

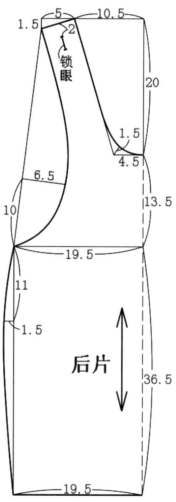

锁眼

后片

27 女中童前开马甲褶裥连衣裙

设计要点

　　U形无领，无袖，前开门襟装钉五粒扣，上下衣身断开，后中不断开，裙身收褶，侧缝开插袋，前片腰部装装饰带盖，后腰装装饰腰袢，上身为合体型，下身是用活省做出A形裙摆效果，很适合儿童外出时穿着。建议选用颜色鲜亮、比较厚实挺括的毛呢面料，衣身扣子选用金属纽扣。制作时需注意裙身褶裥缝至腰节以下8cm，腰线顺畅，钉扣位置准确，袖窿缝制勿拉扯，裙摆波浪自然美观。适用于年龄5~6岁、身高110cm~115cm的女童。

装饰腰袢

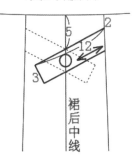

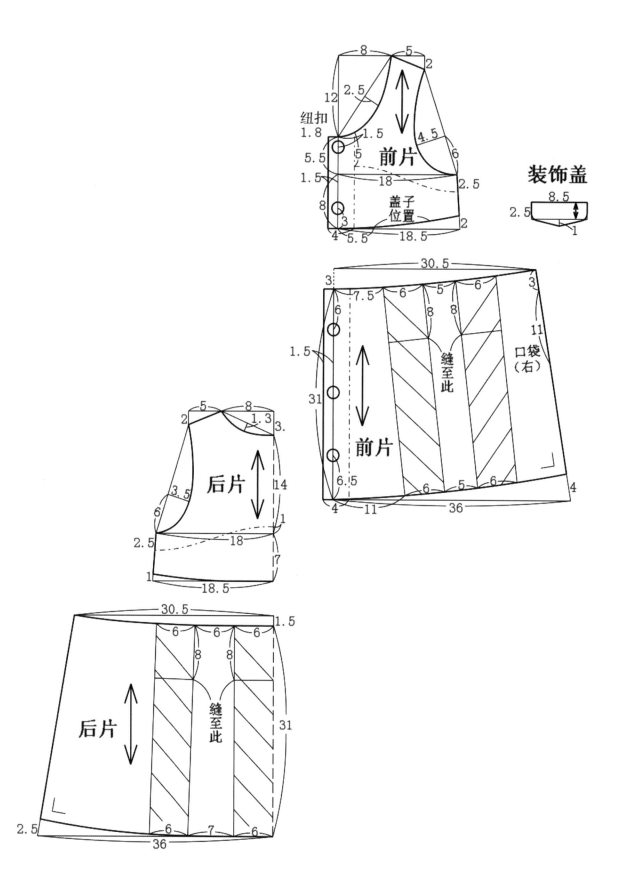

前片

装饰盖

纽扣

盖子
位置

后片

缝至此

口袋
（右）

前片

后片

缝至此

28 女中童长袖方袒披肩低腰裙

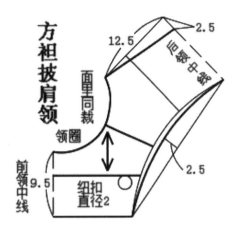

方袒披肩领

面里同裁

领圈

前领中线

后领中线

12.5

2.5

2.5

9.5

纽扣直径2

设计要点

　　这是一款比较宽松的连衣裙，采用方袒的披肩领设计，后中装拉链，前后片均收细褶，袖山收细褶，袖口有袖衩，裙子长度及膝。衣身可选用美观的格子呢，白呢可作为方袒的披肩领，或者质地厚实的纯色呢料。制作时需注意裙身细褶要均匀美观，领部缉线要流畅顺直。适用于年龄5～6岁、身高110cm～115cm的女童。

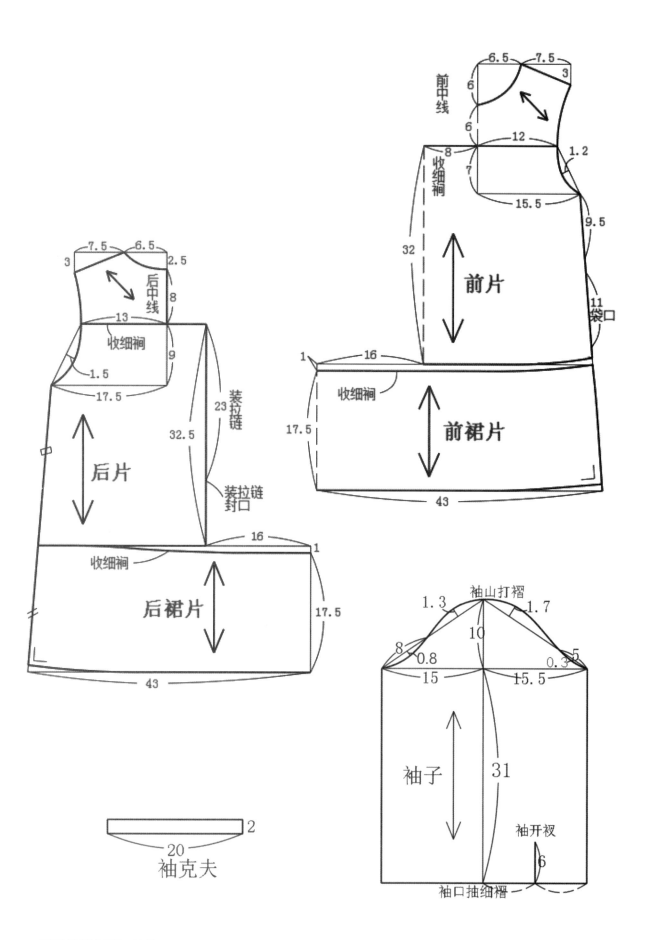

前中线

前片

收细裥

前裙片

6.5 7.5 3
6
6
8 12 1.2
7
15.5 9.5
32
11 袋口
1 16
收细裥
17.5
43

7.5 6.5
3 2.5
后中线
8
13
收细裥
9
1.5
17.5
23 装拉链
32.5
装拉链封口
后片
16
收细裥 1
后裙片
17.5
43

2
20
袖克夫

袖山打褶
1.3 1.7
10
8 0.8 0.3 5
15 15.5
袖子 31
袖开衩
6
袖口抽细褶

29 女中童方领双排扣连衣裙

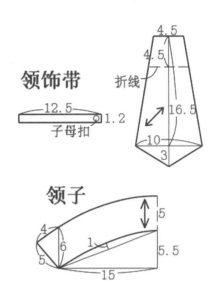

领饰带

12.5 1.2
子母扣

折线

4.5
4.5
16.5
10
3

领子

5
4
6 1
5 5.5
15

设计要点

传统的欧式童装，小方领，装有领饰带，领饰带处装有固定带并子母扣固定，圆装长袖，袖山处打褶，袖口处有收省，门襟双排扣，后中不断开，腰部打断，下身裙子打细褶。建议采用深色系、厚实挺括的粗呢面料，装饰领、衣袖、裙身可选用英格兰式格子面料，建议使用有金属质感的扣子。缝制时需注意收褶要均匀、美观，领子圆顺服帖，钉扣位置准确对称。适用于年龄5~6岁、身高110cm~115cm的女童。

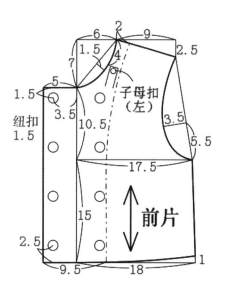

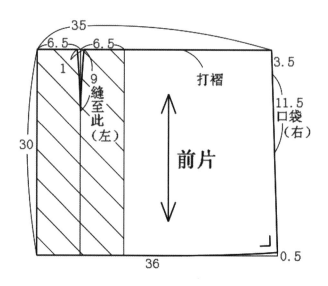

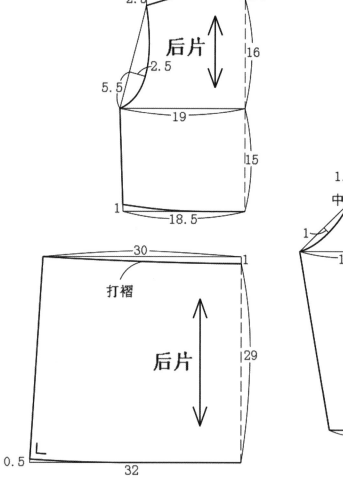

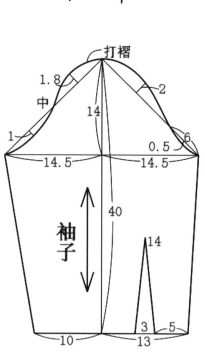

30 女中童娃娃领双排扣连衣裙

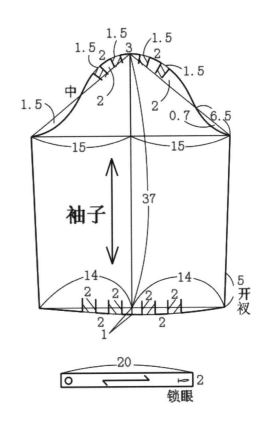

设计要点

　　这是一款较为正统学院风的连衣裙，前门襟双排扣，开口装门襟锁眼钉扣，腰部断开，后片收两个腰省，裙片腰部收褶，后中不断缝，衣身较宽松，袖山、袖口处均收褶，袖开衩处使用子母扣。可选用深色毛华达呢面料，领子可选用浅色系。制作时需注意门里襟服帖、顺直，袖口褶左右对称，腰部收褶均匀美观。适用于年龄5~6岁、身高110cm~115cm的女童。

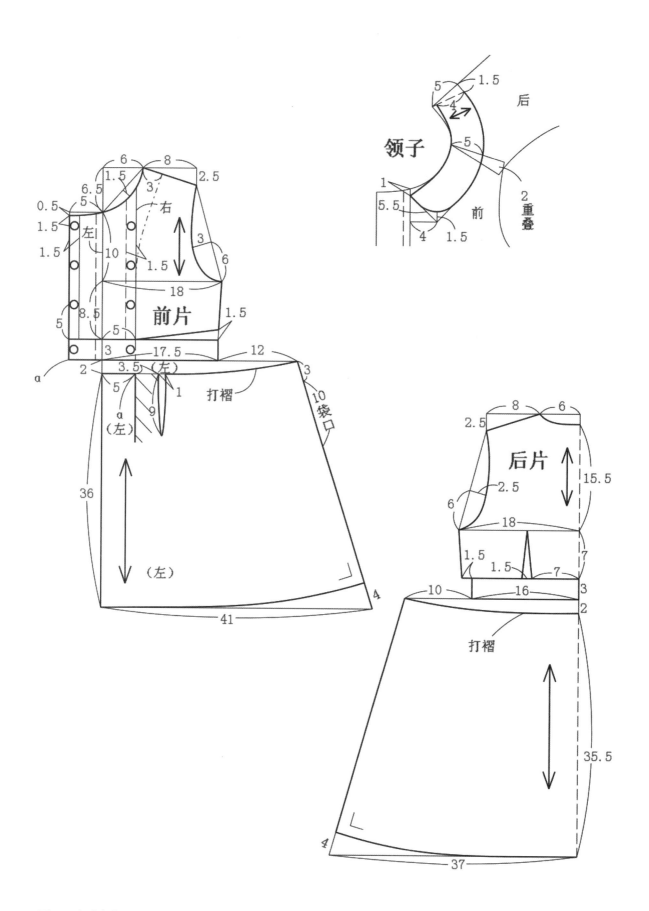

31 女中童无领长袖连衣裙

设计要点

　　圆形无领设计，圆装宽松长袖，袖口开衩装有袖克夫，衣片前中、后中不断开，肩部钉两粒扣并锁扣眼，衣后片腰部装装饰带，腰部断开，裙片前中、后中不断开，腰部收细褶，裙前片装圆角贴袋且袋口处抽褶缉缝绲边，使贴袋有立体感。建议选用柔软舒适的棉绒布、针织面料。制作时需注意注意袖口、腰部、袋口抽褶应排列整齐均匀，领口和肩缝处缉明线，线迹顺直、宽窄一致，袖山圆顺。适用于年龄5~6岁、身高110cm~115cm的女童。

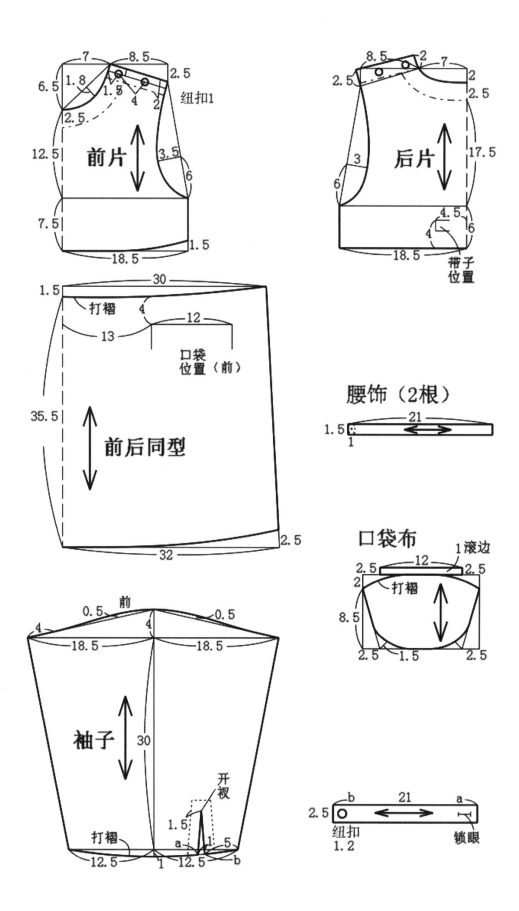

前片

7　　8.5
6.5　1.8
1.5
2.5
2.5　　4　2
纽扣1
12.5
3.5
6
7.5
18.5
1.5

后片

8.5　2
2.5　7
2
2.5
17.5
3
6
4.5
4
6
18.5
带子
位置

前后同型

1.5　　30
打褶　4
13　　12
口袋
位置（前）
35.5
32
2.5

腰饰（2根）

21
1.5
1

口袋布

1滚边
2.5　　12　　2.5
2
打褶
8.5
2.5　1.5　2.5

袖子

前
0.5　　0.5
4　　4
18.5　　18.5
30
开衩
1.5
打褶
a　1　5
12.5　　1　12.5　b

b　　21　　a
2.5
纽扣
1.2
锁眼

32 女中童方形袒领低腰后开连衣裙

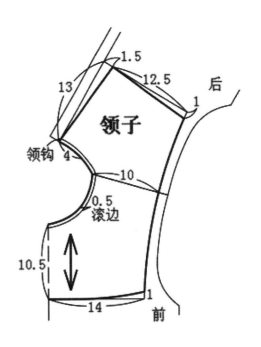

领子

1.5
13
12.5
后
1
领钩 4
10
0.5
滚边
10.5
1
14
前

设计要点

　　方形袒领可拆卸，领口夹缝细绳边，领子、衣身后中开口，腰部断开，衣片前中不断开，衣摆处贴缝宽缎带，右侧缝装饰蝴蝶结，裙片腰部打褶，后开对襟并装八粒扣，缎带位置、裙腰打褶同前片，合体圆装长袖，袖山处收褶，整体造型华丽大方。建议选用深色法兰绒、丝绒面料，袒领选用白色面料。制作时需注意装饰布条缉线顺直、宽窄一致，钉扣位置准确，腰饰造型美观，收褶均匀自然，袖山圆顺。适用于年龄5~6岁、身高110cm~115cm的女童。

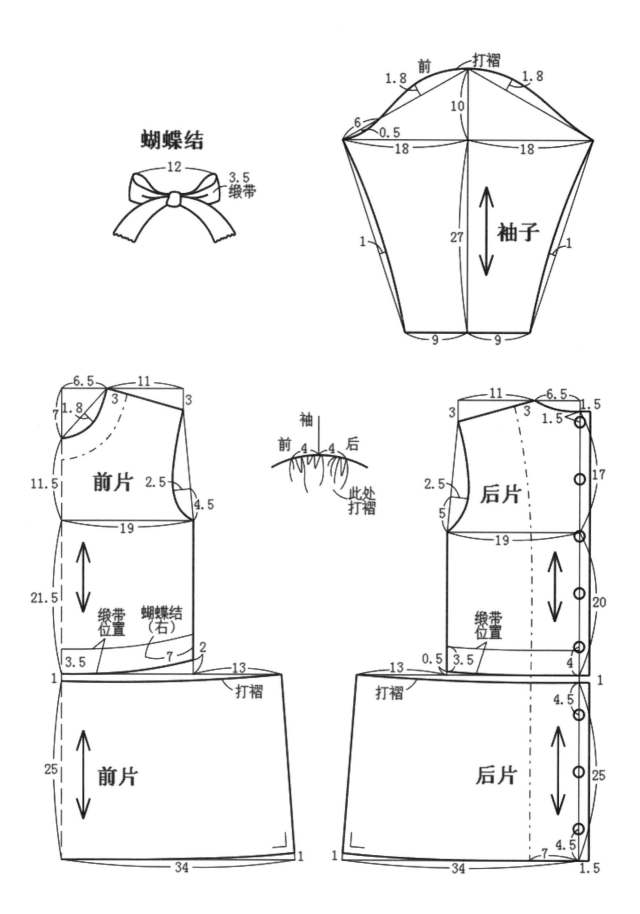

蝴蝶结

12

3.5
缎带

打褶

前

1.8   1.8

10

6   0.5

18   18

袖子

27

1   1

9   9

6.5   11

7 1.8 3   3

前片

11.5   2.5

4.5

19

21.5

缎带   蝴蝶结
位置   （右）

3.5   7   2

1   13

打褶

前片

25

34   1

袖

前 4 4 后

此处
打褶

11   6.5

3   3 1.5

1.5

2.5   17

后片

5

19

20

缎带
位置

0.5 3.5   4

13   1

打褶

4.5

后片

25

7   1.5

1   34

33 女中童翻领对褶裥连衣裙

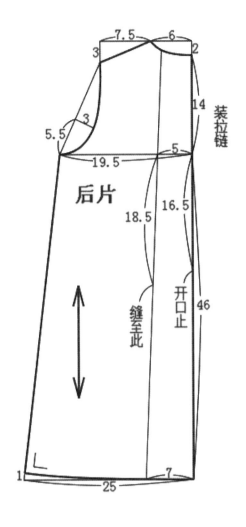

后片

7.5　6

3　2

5.5

3

14　装拉链

19.5

5

18.5　16.5

缝至此

开口止

46

1　7

25

设计要点

　　方形大翻领，领口装饰蝴蝶结，衣身前面压褶，两褶边用扣子装饰，腰线以上压褶，腰线以下为对褶，后片有褶裥，后中装拉链，腰处缝装饰裥，袖山处打褶，袖口收褶并钉扣固定。建议面料选用纯色平绒、苏格兰呢，领口装饰蝴蝶结可选用花色面料。制作时需注意各分割线顺直流畅，领子端正美观，钉扣高低左右对称，缉线顺直平滑，抽褶均匀适宜。适用于年龄5~6岁、身高110cm~115cm的女童。

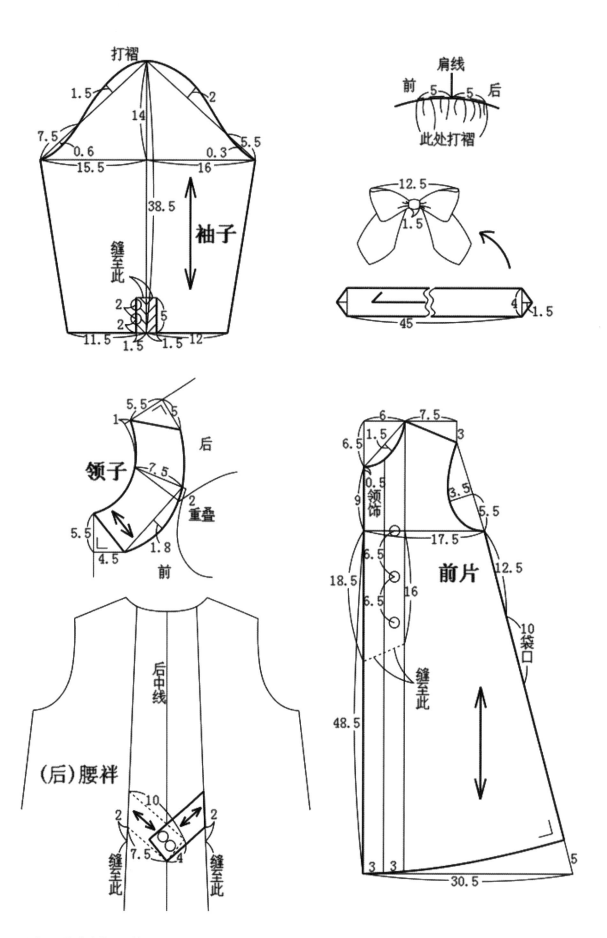

打褶

1.5　　　　　2

7.5　　　　　　　　　　5.5

0.6　　　　　　　　0.3

15.5　　　　　16

14

38.5

袖子

缝至此

2

2

5

11.5　　　　12

1.5　　1.5

肩线

前　5　　5　后

此处打褶

12.5

1.5

45　　　　4　1.5

领子

5.5　　5

1　　　　　　　后

7.5

2　重叠

5.5

1.8

4.5

前

后中线

（后）腰袢

10

2　　　　2

7.5　4

缝至此　　缝至此

6　　7.5

6.5　1.5　　　3

0.5　　　　　　3.5

9　领饰　　　　　5.5

17.5

前片

6.5

18.5　　　16

6.5

12.5

缝至此

10袋口

48.5

3　3　　　　　5

30.5

34 女中童短夹克连衣裙套装

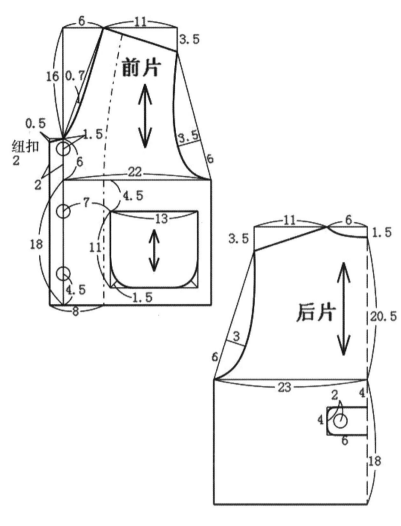

设计要点

　　V形领口、海军领设计，四周镶嵌深色布带，装圆形长袖，前片左右各装一个贴袋，后中不断开，有一个装饰腰袢，内搭为无袖、V领连身裙，前片装对称八粒扣，腰部收细褶，腰头装两粒扣，下摆贴缝深色条状布带进行装饰。制作时需注意贴缝装饰带缉线均匀，宽窄一致，钉扣位置准确对称。适用于年龄5~6岁、身高110cm~115cm的女童。

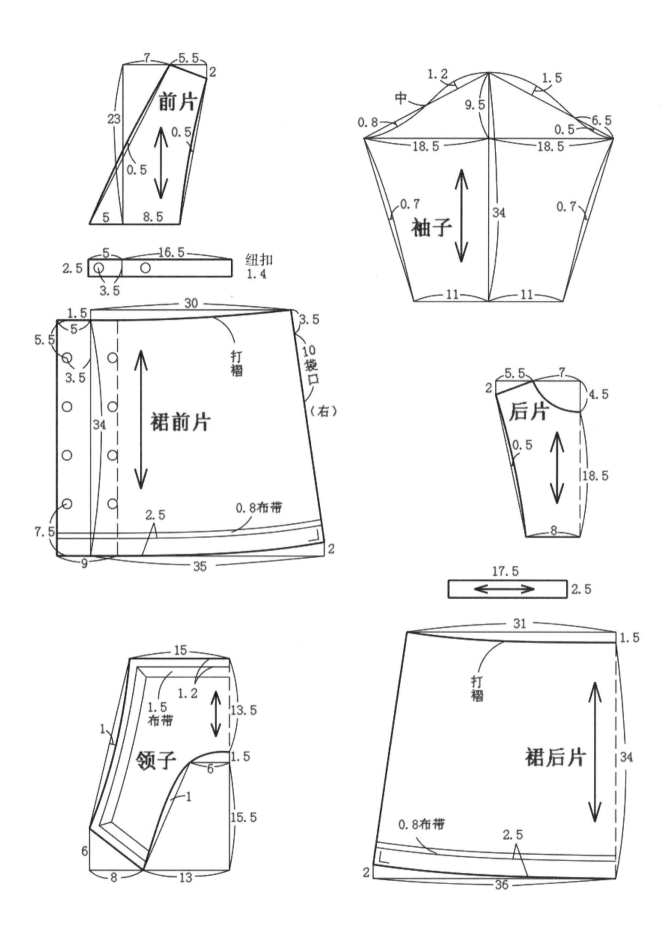

35 女中童运动夹克褶裥裙套装

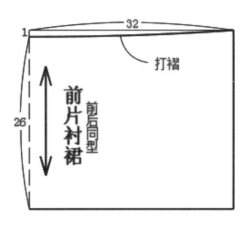

打褶

前片衬裙
前后同型

32

1

26

设计要点

　　上衣夹克采用圆形螺纹小立领，对襟装拉链，前片对称各装一个袋盖插袋，袖口、上衣下摆都装螺纹面料，袖里拼接处连裁，裙腰穿松紧带，裙身腰部打褶，裙摆较大，形成自然的褶裥，裙摆嵌三条装饰织带，这是一款非常舒适、适宜运动的套装。建议使用浅色舒适针织面料。制作时需注意领口服帖圆顺，口袋袋盖对称，腰头松紧带松紧适宜、美观，装饰织带缉线顺直、宽窄一致，裙摆收褶均匀自然。适用于年龄5~6岁、身高110cm~115cm的女童。

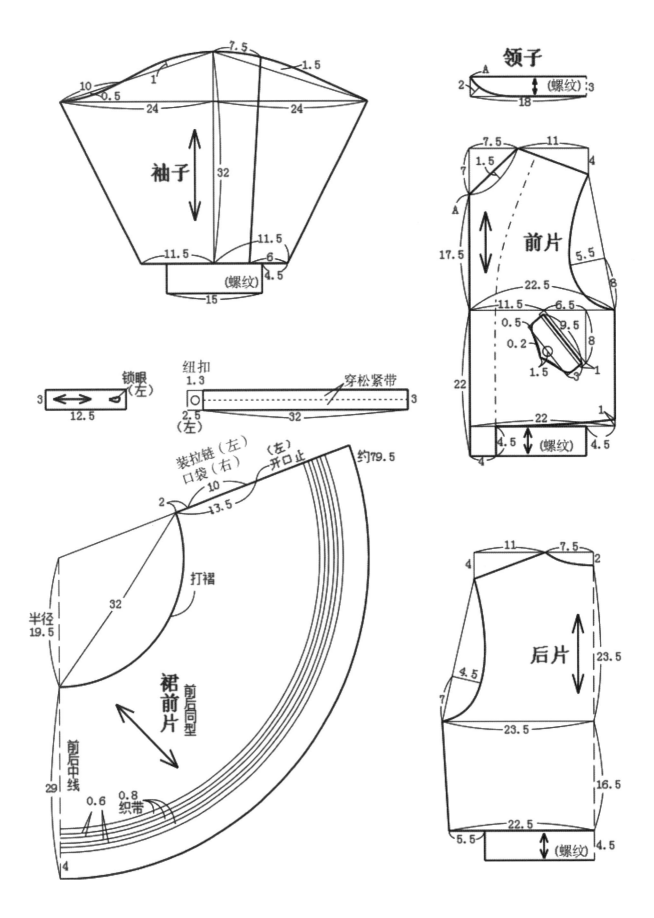

领子

袖子

(螺纹)

锁眼
（左）

纽扣
1.3

穿松紧带

前片

后片

装拉链（左）
口袋（右）
（左）开口止
约79.5

打褶

半径
19.5

裙前片
前后同型

前后中线

0.6
0.8
织带

36 女中童无领圆角下摆短上衣

设计要点

采用V形无领、圆角下摆短款的设计，衣领、门襟、下摆都设计有斜边绲条，三粒纽扣连接左右；后中腰部有串带袢，袖子的肘贴是这款衣服设计的重点，前片左右各有一个装饰口袋，非常有特点。面料可采用质地防风的PU面料，或质地较厚的纯色针织面料，肘贴可以采用不同颜色面料作为点缀，更能体现服装童趣。制作时需注意下摆缉线要圆顺，门里襟长短一致，左右口袋对称。适用于年龄6~7岁、身高115cm~120cm的女童。

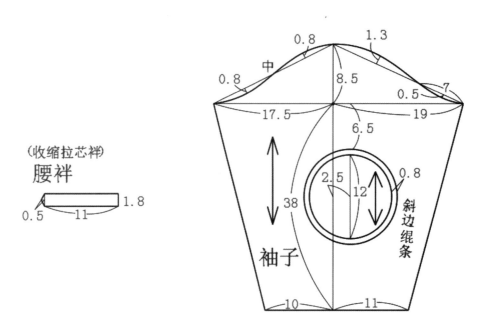

（收缩拉芯祥）
腰祥

0.8　中
1.3
0.8
8.5
0.5　7
17.5　19
6.5
2.5　12　0.8
38　斜边混条
袖子
10　11

0.5　11　1.8

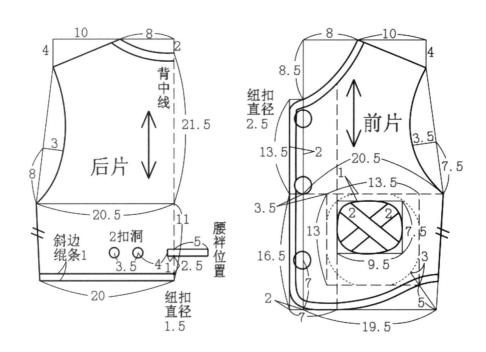

10　8　2
4
背中线
21.5
后片
3
8
20.5　11
腰祥位置
斜边混条1　2扣洞　5
3.5　4　2.5
20
纽扣直径1.5

8　10
4
8.5
纽扣直径2.5
13.5　2
前片
3.5
20.5　7.5
1
3.5　13.5
2　2
13
7.5
16.5　3
9.5
7
5
2
7
19.5

37 女中童袒领马甲连衣裙套装

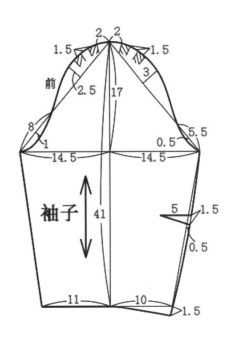

前

袖子 41

设计要点

外套采用圆形袒领设计，前片对称开襟，后片后中线断开，两侧肩线处收肩省，圆装长袖，袖山处抽褶，袖肘处收省；马甲裙腰部断开，衣身后中装拉链，前后两侧衣身都收省，裙片右侧缝开插袋。马甲裙建议选用深色格纹华达呢面料，外套建议采用同裙装色系的纯色粗呢面料，领子可采用浅色系。制作时需注意袖山、裙身收褶均匀整齐，领口服帖，拉链平滑顺直。适用于年龄7～8岁、身高120cm～125cm的女童。

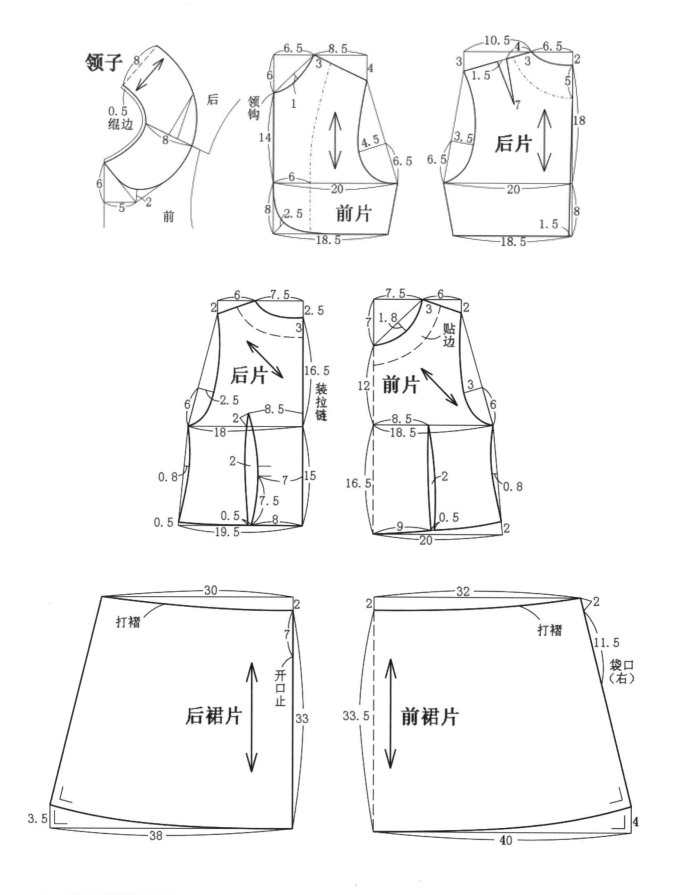

領子

8

0.5
緄邊

後

前

6

5

2

8

6.5   8.5

6
3
4

領鉤

1

14

4.5

6.5

6

20

8   2.5

前片

18.5

10.5   4   6.5

3
1.5
3
2

7
5

18

3.5

後片

6.5

20

8

18.5   1.5

6   7.5

2
2.5
3

後片

16.5

6   2.5

裝拉鏈

2   8.5

18

2
7   15

0.8

0.5   0.5   8

0.5   19.5   7.5

7.5   6   2

7
1.8
3
2

貼邊

12

前片

3

8.5
18.5   6

16.5

2

0.8

9   0.5   2

20

30   2

打褶

7

開口止

後裙片

33

3.5   38

2   32   2

打褶   11.5

袋口
(右)

33.5   前裙片

40   4

38 女中童圆领长袖喇叭裙套装

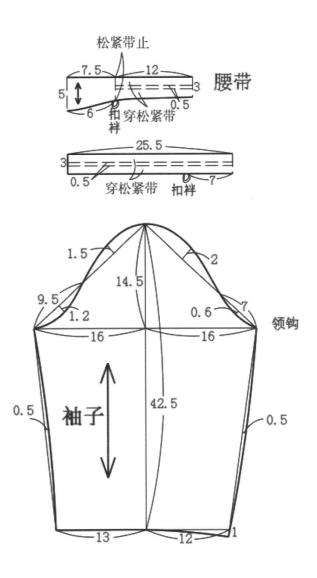

松紧带止

7.5 — 12 — 3 腰带
5 0.5
6 穿松紧带
扣袢

25.5
3
0.5 穿松紧带 扣袢 7

1.5 2
14.5
9.5 0.6 7 领钩
1.2
16 16
0.5 袖子 42.5 0.5
13 12 1

设计要点

　　无领圆形领口，开襟短上衣，无纽扣，后中不断缝，一片式圆装袖，前门襟和衣摆处装织带花边十分漂亮；下身圆形喇叭裙，配可拆卸背带，腰部装松紧带，侧缝装有侧缝袋，整体呈现优雅大方、可爱时尚的气质。建议选用浅色粗花呢、纯色双面羊绒、毛呢混纺等面料。制作时要注意背带长短、宽窄一致，装饰花边美观对称，侧缝袋袋口平整。适用于年龄7~8岁、身高120cm～125cm的女童。

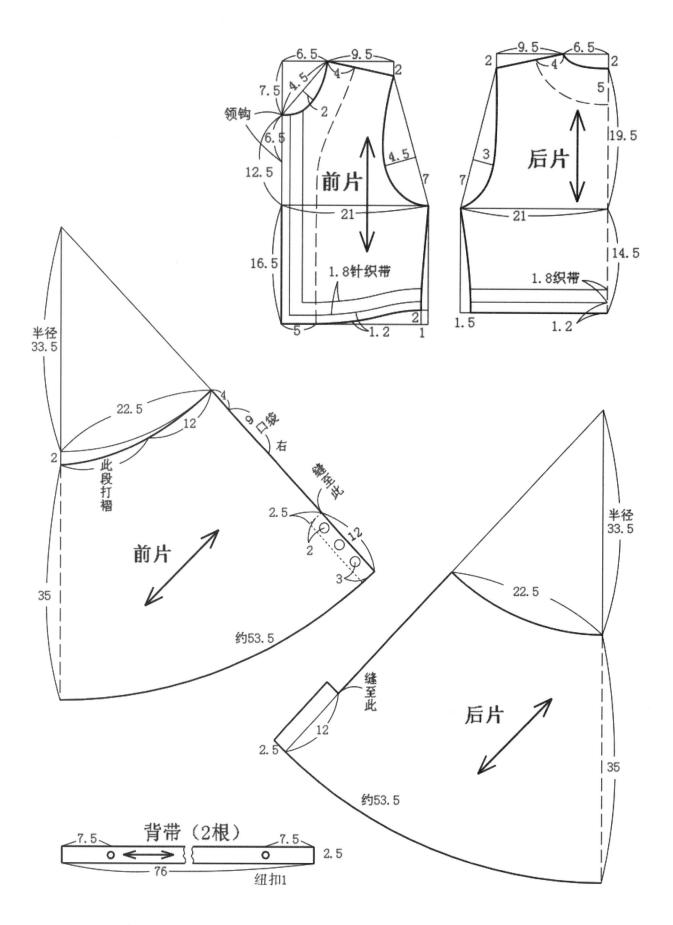

领钩

前片

1.8针织带

后片

1.8织带

半径
33.5

22.5

12

4

9

口袋

右

此段打褶

前片

2.5

2

12

3

35

约53.5

半径
33.5

22.5

12

缝至此

2.5

后片

35

约53.5

背带（2根）

7.5   7.5

2.5

76

纽扣1

39 女中童无扣短衣阔腿长裤套装

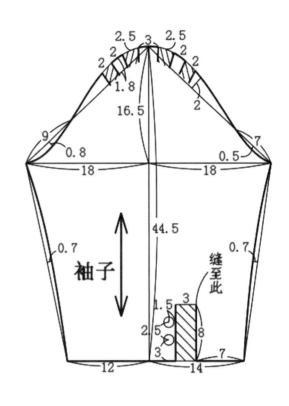

2.5 3 2.5
2   2
2   2
1.8
16.5   2
9   7
0.8   0.5
18   18
0.7   0.7
44.5
袖子
缝至此
1.5   3
2.5   8
3   7
12   14

设计要点

这是一款无扣式短上衣与宽松式过膝裤套装。圆形无领，后领处有贴边，门襟处加过面，左过面钉纽扣，有过面锁扣眼，装泡泡袖，袖口收褶并用扣子装饰，弧形下摆；裤子前片左右各收两个褶裥，并装有斜插袋，腰头前片有拼接，后腰头装松紧带，侧缝装拉链，整体服装属于宽松舒适型，非常适合秋冬外出活动穿着。建议选用深色提花织物面料，领子面料颜色需与衣身区分开。缝制时需注意领尖左右对称，袖山圆顺，收褶均匀自然，缉线顺直。适用于年龄7~8岁、身高120cm~125cm的女童。

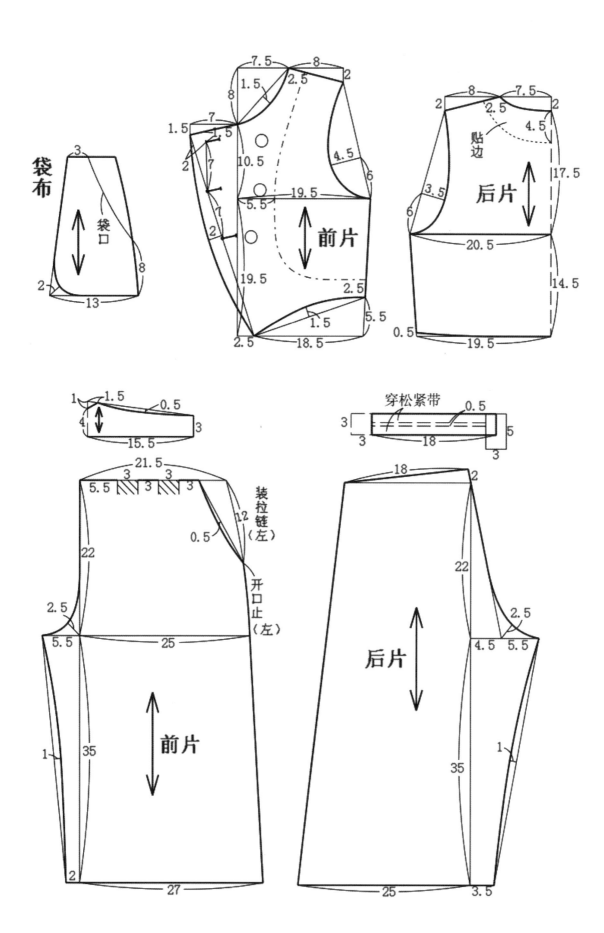

袋布

袋口

3

2

13

8

7.5
8
2
1.5
2.5
8
7
1.5
1.5
2
7
10.5
4.5
7
6
19.5
5.5
前片
19.5
2.5
2.5
1.5
5.5
18.5

8
7.5
2
2.5
4.5
贴边
后片
17.5
3.5
6
20.5
14.5
0.5
19.5

1
1.5
0.5
4
3
15.5

穿松紧带
0.5
3
5
3
3
18

21.5
3
3
5.5
3
3
3
装拉链（左）
12
0.5
开口止（左）
22
2.5
5.5
25
前片
1
35
2
27

18
2
22
后片
2.5
4.5
5.5
35
1
25
3.5

40 男中童高腰分割背带裤

设计要点

　　前后腰部横向分割的背带裤设计，前片左右两侧用扣子进行固定，利于儿童穿脱，前中不断开，衣身胸部锁扣眼连接背带，后片不断开。顶部缝合肩带，裤前片侧缝各有一个斜插袋设计，前后片两侧腰线各排列两个褶裥，后片装圆角贴袋，裤脚收窄。建议选用纯色斜纹布、印花平绒面料。制作时需注意钉扣、锁眼位置准确，褶裥排列整齐、均匀一致，各部位缉线顺直流畅，腰线、袋口、裤脚缉双明线。适用于年龄4～5岁、身高105cm～110cm的男童。

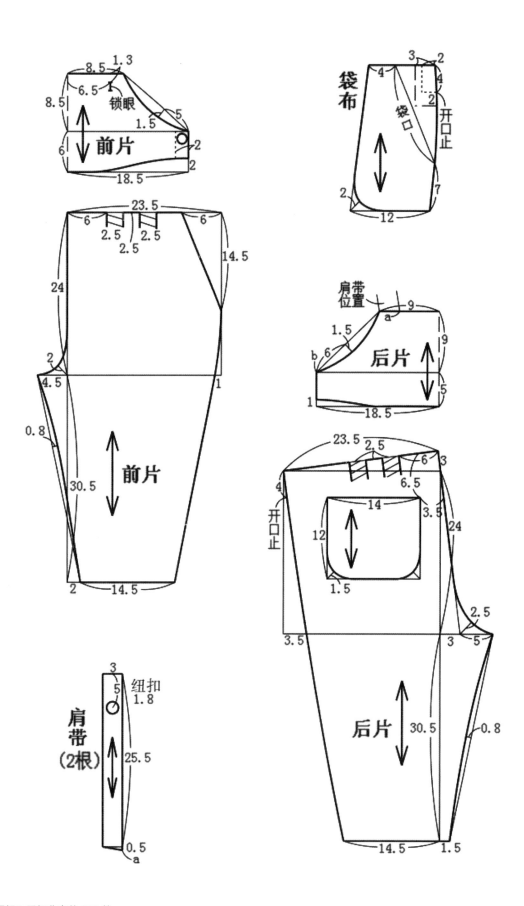

41 男中童假两件套长袖夹克衫

设计要点

　　圆装袖设计，袖口和内前片下摆装松紧带，内前片设计斜直型插袋，袋口设计拉链进行闭合，左袖臂上有一个扑盖袋，外前片左右各一个圆角贴袋，门襟处三粒扣，侧缝和后片的固定方式采用纽扣进行缝合，内前身四周钉十粒拷纽，同样的布料设计V字形外开襟前片，扣在内前片外部，具有保暖、便于拆卸的功能。建议选用质地较厚的尼龙面料。制作时需注意袖山圆顺、钉扣位置准确、贴袋对称美观。适用于年龄4～5岁、身高105cm～110cm的男童。

领子

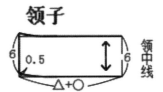

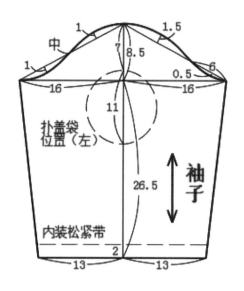

中

扑盖袋位置（左）

袖子

内装松紧带

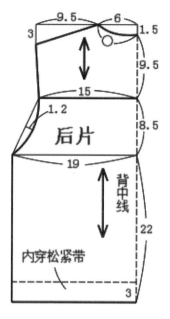

后片

背中线

内穿松紧带

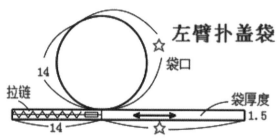

左臂扑盖袋

袋口

拉链

袋厚度

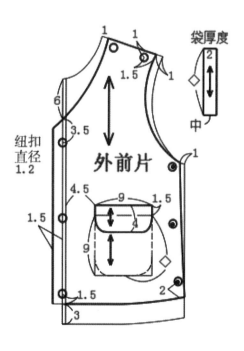

袋厚度

中

外前片

纽扣直径1.2

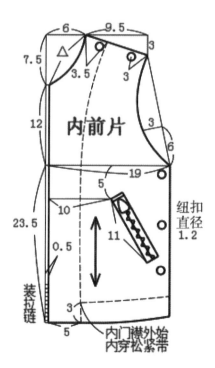

内前片

纽扣直径1.2

装拉链

内门襟外始
内穿松紧带

42 男中童连帽拉链运动夹克衫

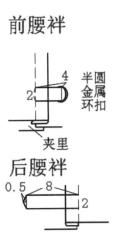

前腰襻

后腰襻

半圆金属环扣

夹里

设计要点

连帽式设计，圆装袖，袖口装针织螺纹袖口，前片有纵向分割设计，在分割线位置设计侧缝直带，靠近下摆安装腰襻，后片有分割但是不断开，同样在底摆处装针织螺纹口，门襟处装明拉链，并在两边缉明止口。建议采用精梳棉、针织棉布面料，适合运动休闲、户外坑娈时穿着。制作时需注意帽子要加里布，各部位分割线要顺直、左右对称。适用于年龄4～5岁、身高105cm～110cm的男童。

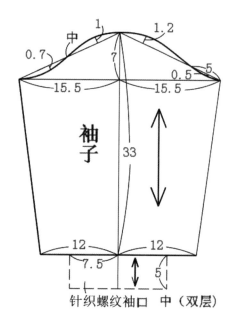

袖子

中

1

1.2

0.7

7

0.5

5

15.5

15.5

33

12

12

7.5

5

针织螺纹袖口 中（双层）

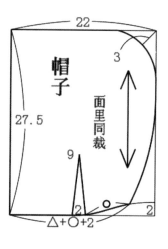

帽子

22

3

27.5

面里同裁

9

2

○

2

△+○+2

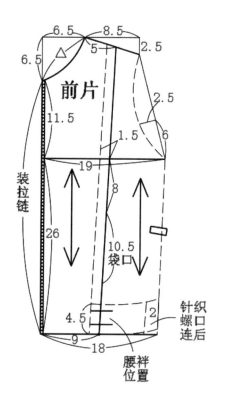

前片

6.5

8.5

5

2.5

6.5

△

2.5

11.5

1.5

6

装拉链

19

8

26

10.5
袋口

4.5

2

针织
螺口
连后

9

18

腰袢
位置

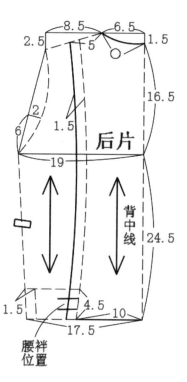

后片

8.5

6.5

2.5

5

1.5

○

16.5

2

1.5

6

19

背中线

24.5

1.5

4.5

10

17.5

腰袢
位置

43 中童休闲纯色长裤

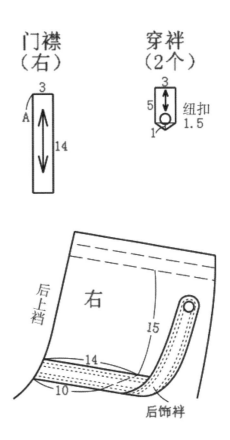

门襟（右）

穿袢（2个）

3

14

A

3

5

纽扣
1.5

1

后上裆

右

15

14

10

后饰袢

设计要点

这是一款男女童都可以穿着的、简单的休闲长裤，线条明快，还融入部分哈伦裤设计，腰部缝制宽的串带袢加纽扣进行固定，裤腰与裤身连为一片并穿松紧带，前片各装一个斜挖袋，裤口翻折，后右片缝制L形装饰袢。建议选用质地略厚的咖色纯棉面料或抗皱性较好的混纺面料，裤口内侧可选用不同色彩面料翻边，让人眼前一亮，在穿着和搭配上有很多创新，可搭配硬材质的装饰腰带。适用于年龄4～5岁、身高105cm～110cm的男、女童。

袋布　穿松紧带

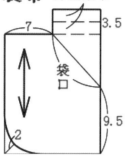

7
3.5
袋口
9.5
2

后饰袢（右）

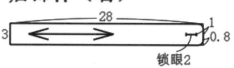

3　28　1
0.8
锁眼2

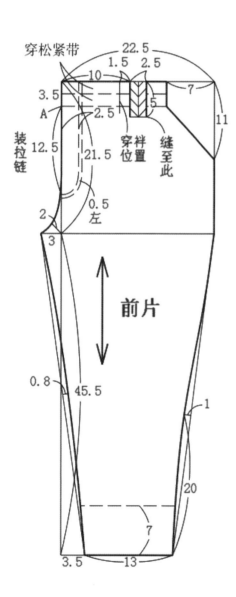

穿松紧带
22.5
1.5　2.5
10　7
3.5
A
2.5
12.5
21.5
穿袢位置
缝至此
5
11
装拉链
2
0.5
左
3
前片
0.8　45.5
1
20
7
3.5　13

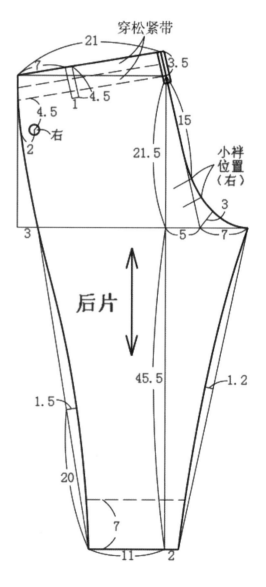

21　穿松紧带
7
3.5
1　4.5
15
4.5
右
2
21.5
小袢位置（右）
3
3　5　7
后片
1.5　45.5　1.2
20
7
11　2

44 男中童双排扣育克分割大衣

设计要点

　　小翻领，双排扣，衣身后片有育克分割，肩部装有肩袢，并锁眼钉扣，小袢固定，袖中线分割为两片的宽松长袖，袖口处装有袖袢，衣身左右对称装开袋，并配有腰带，建议选用色彩亮丽的纯色华达呢、双面羊绒面料，腰带可用衣身面料制作，制作时需注意各部位缉线要顺直，车缝松紧均匀，领口圆顺服帖，领面不外吐，口袋的位置高低要对称，纽扣装钉位置准确。适用于年龄5~6岁、身高110cm~115cm的男童。

腰带

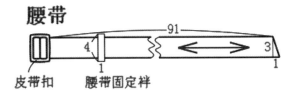

皮带扣　　　　腰带固定袢

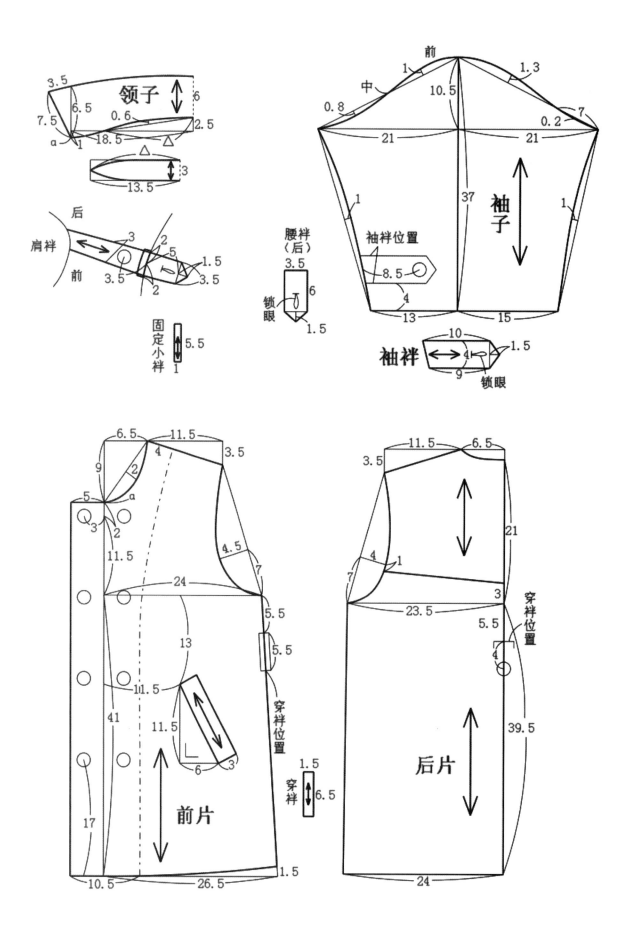

领子

肩袢
后
前

固定小袢

腰袢（后）
锁眼

袖子
袖袢位置
袖袢
锁眼

前片
穿袢位置
穿袢

后片
穿袢位置

45 男中童披肩连身袖夹克衫

设计要点

U形无领设计，上衣左前片单排五粒扣，胸前有一只贴袋，底摆装有宽松紧带，袖子为与衣身相连的连肩袖。建议选用面料时领口、袖口和下摆尽量选用一种面料、色彩一致，可采用复合绗棉面料，适宜秋冬季节外出、运动穿着。制作时需注意贴袋袋口边缘明线缉线流畅顺直，口袋高低位置准确，不歪斜。适用于年龄5~6岁、身高110cm~115cm的男童。

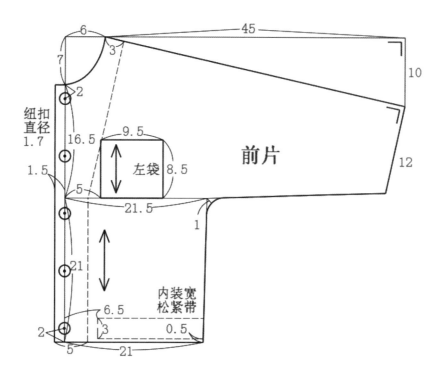

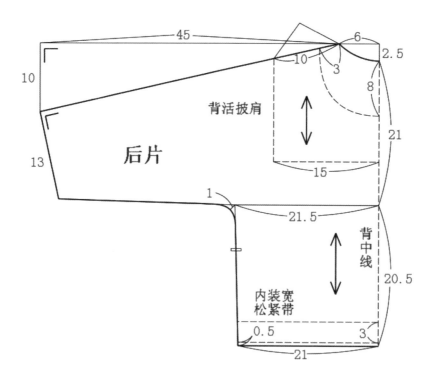

46 男中童贴袋宽松休闲裤

设计要点

这是一款适用于春秋季的休闲裤，腰部装有松紧带使裤子腰部更能贴合人体，腰头处以纽扣为闭合方式，两侧采用弧形的斜插袋，具有装饰和实用的双重作用，两侧两个带有袋盖的风琴贴袋，后片有育克分割，两个贴袋使款式造型更有特点。建议选用浅色或格子棉布或者细毛呢制作。制作时需注意装饰袋位置准确，拉链平服，分割线顺直流畅，松紧带松紧适宜。适用于年龄5~6岁、身高110cm~115cm的男童。

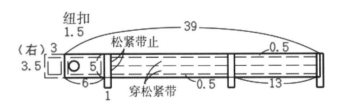

袋布

袋盖

口袋

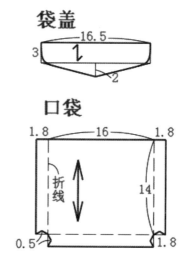

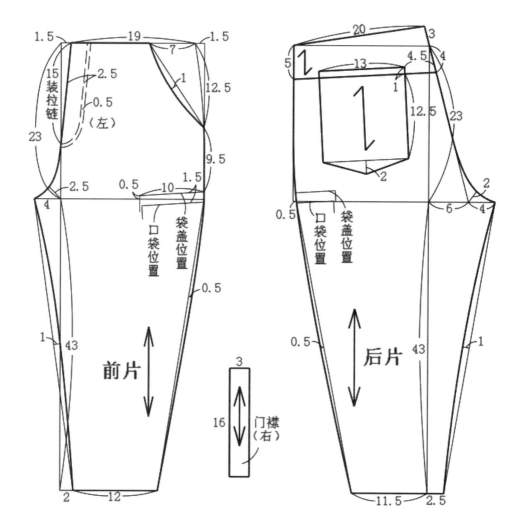

47 男中童休闲长裤

设计要点

　　这是一款适用于春秋季的休闲长裤，斜挖袋，裤片门襟位置缉轮廓线作为装饰，裤片前中腰口钉扣，腰部装有串带袢，腰头穿松紧带，裤右后片装一个贴袋作为装饰，裤脚口略微收紧，可搭配休闲衬衫或T恤。建议选用纯色水洗布或条绒布等面料。制作时需注意各部位缉线顺直平滑，松紧带松紧适宜、美观，裆弯缝制勿拉扯，装饰线无断线。适用于年龄5~6岁、身高110cm~115cm的男童。

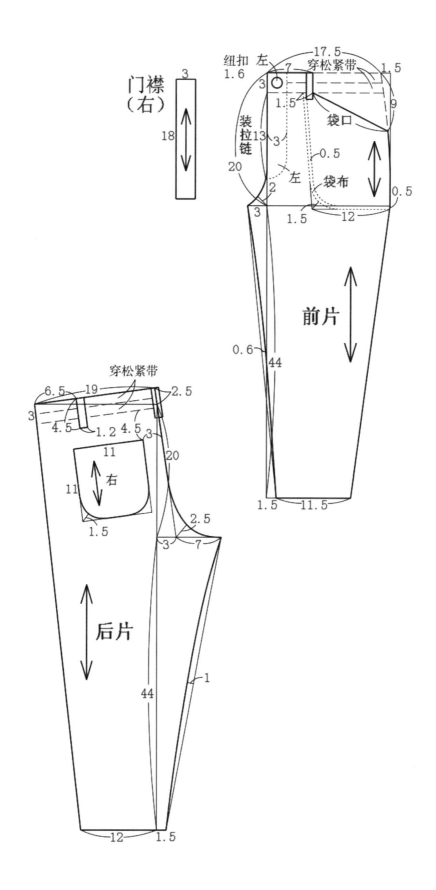

门襟
（右）

纽扣
1.6

左

穿松紧带

装拉链

袋口

袋布

前片

后片

穿松紧带

右

48 男中童无领长袖外套

设计要点

　　单排五粒扣无领设计，圆装袖，前片有横向分割，在侧缝处装有两个装饰袋盖，袋盖上钉两个装饰纽扣，后片不分割，为单独的一片，在前片分割线、袖口、下摆处分别缉明线。建议选用稍微硬挺的面料，如棉毛混纺织物，易于冬季御寒保暖，还显得服装比较有型。制作时需注意各部位缉线顺直，袋盖位置准确，袋盖角方正。适用于年龄6～7岁、身高115cm～120cm的男童。

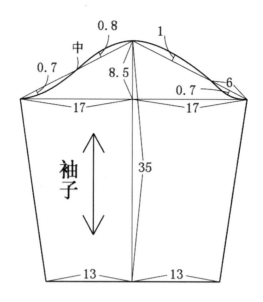

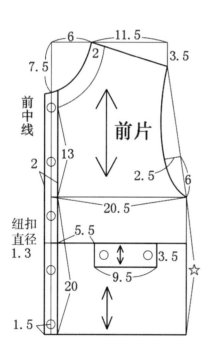

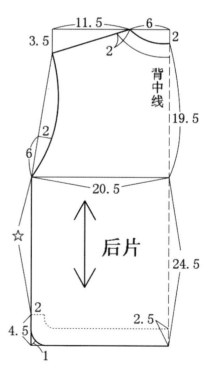

49 男中童三开身西服套装

领子
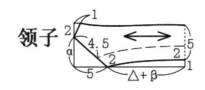

腰头
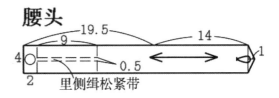
里侧缉松紧带

设计要点

采用翻驳领，对襟三粒扣设计，后中线断开，整体呈现略修身三开身男西装，左前胸、侧缝处各缝制方形贴袋，装合体两片袖，下身为七分裤，前片两处收褶，侧缝有斜插袋，后腰收腰省、贴袋盖，腰头穿松紧带，裤脚口收褶。建议选择深色、格子毛呢混纺、制服呢等面料，领子面料可与衣身不同。制作时需注意各缝缉线顺直，领子端正、不外吐，门里襟长短一致，左右袖子、贴袋美观对称，腰头松紧带松紧适宜，纽扣安装准确。适用于年龄6~7岁、身高115cm~120cm的男童。

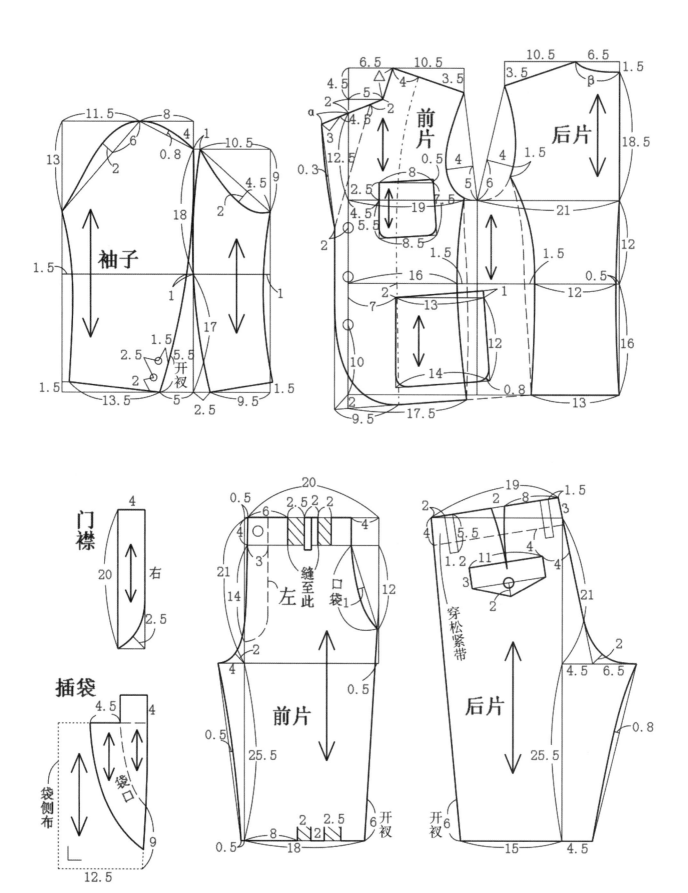

50 女大童圆翻领休闲上衣

设计要点

　　大圆翻领的设计是这款上衣的重点，前片开衩至腰节处，钉纽扣，缉明线为装饰，开衩封口处左右各有一个插袋并缉明线，下摆选用同一面料的反面来制作，使衣服在穿着上有很多创新。面料可采用质地较厚实的针织花色纯涤纶，大圆领可采用不同的面料，实现搭配的创新。制作时需注意领子端正、不外吐，各缝缉线顺直。适用于年龄10～11岁、身高135cm～140cm的女童。

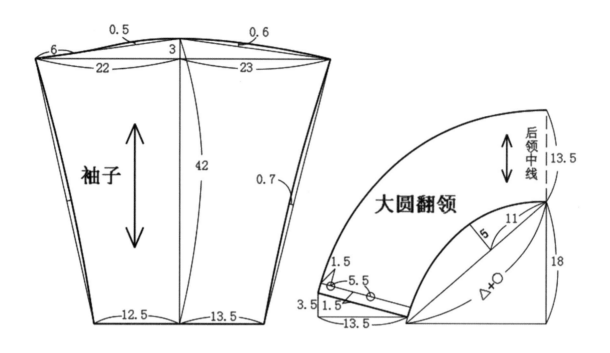

袖子

42

0.5   0.6
6   3
22   23
0.7
12.5   13.5

大圆翻领

后领中线

13.5

5   11

1.5
5.5
3.5   1.5
13.5

△+○

18

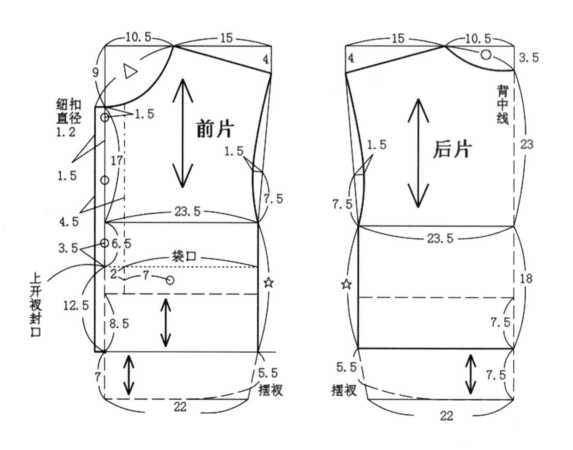

10.5   15   4
9   △
纽扣直径 1.2
1.5
17
4.5
前片
1.5
7.5
23.5
3.5   6.5
袋口
2   7
上开衩封口
12.5
8.5
7
22
5.5
摆衩

15   10.5   3.5
4   背中线
1.5
后片
7.5
7.5
23.5
23
18
☆   ☆
7.5
5.5   7.5
摆衩
22